U0947934

心灵牧场

每个人都拥有自己的心灵草原

伏 垚 著

中国财富出版社

图书在版编目（CIP）数据

心灵牧场：每个人都拥有自己的心灵草原／伏垚著．—北京：中国财富出版社，2015.8

ISBN 978－7－5047－5803－3

Ⅰ.①心…　Ⅱ.①伏…　Ⅲ.①人生哲学—通俗读物　Ⅳ.①B821－49

中国版本图书馆CIP数据核字（2015）第162788号

策划编辑　单元花　　**责任编辑**　邢有涛　单元花
责任印制　方朋远　　**责任校对**　梁　凡　　**责任发行**　邢有涛

出版发行　中国财富出版社
社　　址　北京市丰台区南四环西路188号5区20楼　　**邮政编码**　100070
电　　话　010－52227568（发行部）　　010－52227588转307（总编室）
　　　　　　010－68589540（读者服务部）　　010－52227588转305（质检部）
网　　址　http://www.cfpress.com.cn
经　　销　新华书店
印　　刷　北京京都六环印刷厂
书　　号　ISBN 978－7－5047－5803－3/B·0451
开　　本　710mm×1000mm　1/16　　**版　　次**　2015年8月第1版
印　　张　12.25　　**印　　次**　2015年8月第1次印刷
字　　数　188千字　　**定　　价**　32.00元

前　言

心灵和牧场非常类似，广袤且深远。在草原上驰骋的放牧人，并非机械地驱赶着那些牛羊，而是让自己的心灵和蓝天白云相互融合，在蒙古长调和马头琴的乐声里尽情摇曳。这样的意境，也许我们都曾经幻想过，可真正做到的又有几人？

生活在钢筋水泥的现代都市里，你是否有过这种体验：随着空间的不断缩小，你的心胸也在不自觉地变得狭小而没有缝隙。望着路上的清洁工，你是不是也在想：我心里的垃圾难道也如此之多？看着大量的网络信息，你是不是会发出一声感叹：我的生活为何会变得越来越复杂？怎样才能变得更加轻松？

莎士比亚说："旷达者长寿，忧伤者短命。"心境的舒畅快乐可以说是再多的金银财宝也买不来的，假若失去了快乐的心境，哪怕是拥有名声、权利以及财富，也肯定不会享受到真正的乐趣与幸福。许多人在生活中逐渐遗忘初衷，为一些可有可无的东西而感到忧愁、愤怒、伤心或者绝望，却将身边的阳光与快乐彻底忽视。

法国大文豪雨果曾说过："世界上最浩瀚的是大海，比大海更浩瀚的是蓝天，比蓝天更浩瀚的是人的心灵。"随着现代科学技术的不断发展，我们人类对外部世界的探索可以说已经走得足够远，但是令人遗憾的是，我们对人类心灵世界探索的脚步却越来越慢。

生活得是否快乐，个人的心灵感受很重要。在这个复杂的世界中，人生的境遇不尽相同。生活的精彩，使人们的内心变得更加充盈；生活的不幸，又使人们的内心变得苍凉。充盈了，就像牧场浸润了甘露，滋生且茁壮；凄凉了，就如同败絮又遇夜雨，千疮百孔。不管快乐或者忧伤，全都在心灵的牧场里扎根、生长、开花、结果。

本书从认识自己开始，让读者给自己定位，接受自己，规划好生活，拥有自信和快乐，从而遵循开心快乐的生活法则，保持乐观的心态，拥有一份淡然的心绪，让读者感受无处不在的幸福，并将负面心态化为前行的动力。学会释放、有效减负，找回自己的心灵草原，做快乐的主人。

本书是一剂心灵的汤药，书中的故事与哲理可以让你的心灵更宽阔。赶快进入本书吧，进入一个心灵健康的世界！

作　者

2015 年 3 月

第一辑　遇见自己，寻找自己的心灵牧场

第一章　找出“我是谁”：认识你自己，照顾你心灵 …… 3
心灵挖掘：心中有个强大的自己 …… 3
认识自己，发现自己的优点 …… 5
唤醒心灵，使自己不再迷失 …… 8
心灵话园：请不要瞧不起自己 …… 9
心灵警醒：请正视自己的弱点 …… 11
学会包容自己的不完美 …… 12
挑战自己的心灵，发现真实的自我 …… 15
心灵驿站：你可以战胜你自己吗 …… 16

第二章　心灵自律：给心灵来次大“阅兵” …… 19
自律：心灵成长的必由之路 …… 19
学会做个自我反省的人 …… 21
自省让我们的心灵更迷人 …… 22
增强心灵内省的感受能力 …… 24
增强自我评价的能力 …… 26
洗涤心灵的最好方式：慎独 …… 29

提升自我意识 …… 31
心灵驿站：自我评价 …… 32

第三章　为自己“心灵牧场”添加养分 …… 34
取长补短，在差距中不断充盈自己 …… 34
阅读，是心灵的养分 …… 37
知识的力量足以改变一个人的命运 …… 39
让学习成为一种习惯，内心才更为满足 …… 41
为大自然在心灵深处安个家 …… 42
心灵驿站：学习动机检测 …… 44

第二辑　活出全新自己的心灵修行课

第四章　心灵召唤：带着自己去飞翔 …… 49
追随心灵，把理想当作成功第一站 …… 49
“野心”是实现梦想的动力 …… 51
冒险的精神，自由的心灵 …… 53
行动，将梦想照进现实 …… 55
坚守心灵，提升梦想的高度 …… 57
不要屈服于命运的安排 …… 60
敢于折腾，不满足现状 …… 62
心灵驿站：你有冒险素质吗 …… 66

第五章　调味心灵：将快乐清泉注入心中 …… 68
乐观是心空的太阳，心灵的曙光 …… 68
悲观快乐，只因角度不同 …… 70
活在当下就会快乐 …… 72
对生活微笑，做乐观的自己 …… 74

放飞心情，每天给自己一个希望 …… 76
坐观世间变幻，笑对人生失败 …… 78
心灵驿站：找准定位，收获快乐 …… 80

第六章　发掘心灵的力量：做最好的自己，为自己而活 …… 82
相信自己，依靠自己 …… 82
学会为自己鼓掌 …… 85
走出心灵的自卑 …… 86
在挫折中建立自信 …… 88
自我激励的方法 …… 90
别吝啬对自己的犒劳 …… 92
心灵驿站：培养自信的8种方法 …… 93

第七章　驱散阴霾：还给心灵一个晴天 …… 96
扫除嫉妒心，享受属于自己的快乐 …… 96
心灵呵护，调整自负的心理 …… 98
别固执地一条道上跑到黑 …… 99
开启自闭的心灵之门 …… 101
拒绝冷漠，用热情融化内心 …… 103
让自己不再优柔寡断 …… 104
心灵驿站：放开心灵的四大疗法 …… 107

第八章　智慧人生的6堂心灵经营课 …… 109
低调是福，享受生活 …… 109
空杯心态，一切从零开始 …… 112
感恩：生命中的心灵之花 …… 114
学会放下，给心灵洗澡 …… 117
勿拿借口安抚自己的心灵 …… 119

责任：心灵的“沙粒” …… 121
心灵驿站：给心灵做个小测验 …… 124

第三辑 活出全新自我：学会在心灵牧场上放逐

第九章 心灵鸡汤：给所有情绪低落的人 …… 127
确认自己的情绪状态 …… 127
缓解情绪，拯救心情 …… 129
学会转移自己的坏情绪 …… 132
学会接受自己的情绪 …… 133
给愤怒的情绪装个安全阀 …… 136
疏导消极情绪，卸下心灵重负 …… 138
心灵驿站：扔掉坏情绪的包袱 …… 140

第十章 放松心灵：给紧张的内心松松绑 …… 142
战胜恐惧，求得心灵和谐 …… 142
恐惧症的心理调适方法 …… 144
让紧绷的“情弦”放轻松 …… 146
安抚狂躁心情，松弛紧张神经 …… 148
学会给内心松松绑 …… 149
缓解情绪的放松训练 …… 152
心灵驿站：缓解情绪的冥想训练 …… 153

第十一章 清净身心：回归纯真的心灵牧场 …… 156
给浮躁的心灵松松绑 …… 156
减少焦虑，为心灵松绑 …… 157
抗拒忧郁，回归快乐 …… 161
学会利用运动解忧 …… 162

控制忧虑思绪，解除心灵烦恼 …………………………………… 164
改掉急躁，让心灵更年轻 ………………………………………… 165
打开心灵之门，让阳光照进心扉 ………………………………… 168
心灵驿站：你的内心疲劳吗 ……………………………………… 170

第十二章　心灵氧吧：放下压力，让心灵呼吸 ………………… 171
你知道压力吗 ……………………………………………………… 171
给自己施加适度的压力 …………………………………………… 173
不要让压力成为负担 ……………………………………………… 175
缓解新工作压力 …………………………………………………… 176
顶住压力，乐享成功 ……………………………………………… 177
心灵降压之饮食疗法 ……………………………………………… 178
减轻压力的“心灵”处方 ………………………………………… 180
心灵驿站：测测你的压力值 ……………………………………… 182

第一辑

遇见自己，寻找自己的心灵牧场

第一章

找出“我是谁”：认识你自己，照顾你心灵

“认识你自己”，就是要理性地认识自己，认清自己的能力，知道自己适合什么，不适合什么，长处是什么，短处是什么，从而做到自知，能够在社会中找到自己最恰当的位置、最合理的方向、内心在想什么，只有这样心灵才能得到安宁！

心灵挖掘：心中有个强大的自己

人的潜能是巨大的，但是如果任凭它沉睡，不去唤醒它、点燃它、引爆它，就不会产生实际效用，没有丝毫价值。只有实现由潜能到实力的转化，变巨大潜能为巨大实力，才能够获得成功。那么，我们在当下该怎样去开发自己的潜能呢?

充分考虑自身的天赋、资质等客观条件。根据自身的天赋和资质，特别是根据自身的优势和特长来确定应当着重开发的潜能，这样便能使潜能的挖掘事半功倍。

科学家珍妮·古多尔在选择行业前清楚地知道，她并没有过人的才智，但在研究野生动物方面，却有超人的毅力、浓厚的兴趣，而这正是从事这一事业所必须具有的素质。所以，她没有去攻读数学、物理学，而是进到非洲森林里考察黑猩猩，终于成了一个有成就的科学家。

汤姆逊由于“那双笨拙的手”，在处理实验工具方面感到很烦恼，因

此他的早年研究工作偏重于理论物理，较少涉及实验物理。他找了一位在做实验及处理实验故障方面有超常能力的年轻助手，这样他就弥补了自己的缺陷，从而努力发挥自己的特长，巩固了自己在物理界的地位。

现代教育观提出：由于每个人的特点不同，“每个人都应当有自己的课程”。每个人开发潜能，一定要根据自身特点，设计出开发、利用潜能的蓝图。

那么，该怎样去开发自己的潜能，挖掘强大的自己呢？以下提供一些具体方法。

1. 自我暗示的成功心法

你想要成功，就要每天不断地在心中念诵自励的暗示宣言，并牢记成功法则：你要拥有强烈的成功欲望、满满的自信心。假若你使精神和行动一致的话，一种神奇的宇宙力量将会为你打开宝库的大门。

2. 写下并念诵你的目标

每天两次默念你的目标：一次在刚刚醒来的时候，一次在临睡之前——这两个时间段是意识活动比较弱，潜意识比较强的时段，最容易和潜意识沟通的时段。

注意：在念诵的时候，要贯注感情，并且想象你已取得你想得到的成功。

就算是机械式的自我暗示也有效。当然，越能够注入感情，收效就越大。

3. 构想成功后的自我

伟大的人生源自你心里的想象，即你希望做什么事，希望成为什么人。在你心里的远方，应该稳定地放置一幅画像，然后向前移动并与之吻合。如果你替自己画一幅失败的画像，那么，你必将远离胜利；相反，替自己画一幅获胜的画像，你与成功即可不期而遇。

生命蕴藏着巨大的潜在能量，生命就不会遭到贬值。爱迪生说：“假若我们能做出所有能做的事情，我们毫无疑问地会令自己大吃一惊。”对自己的生命拥有热爱之情，对自己的潜在能力抱着肯定的态度，如此一来，生命便会爆发出前所未有的能量，创造出令人惊叹的成绩。

认识自己，发现自己的优点

认识自己，才能发现自己的优点，发挥自己的长处。

每个人都有许多优点，只不过还不懂得如何唤醒心灵的潜能。有人说："心灵的潜能犹如一座待开发的金矿，蕴藏量无穷，价值无比。"事实上，我们每个人确实拥有一座潜能金矿。

苏格兰医生詹姆斯，从1843年到1846年在孟加拉工作期间，大约实施了400次大手术，有截肢手术、切除肿瘤手术，还有眼睛、耳朵、喉咙等器官的手术。

那时还没有发明麻醉药乙醚，也不具备当代的麻醉方法，所有的手术用的只是精神麻醉法。詹姆斯医生首先将病人催眠，向他们暗示不会出现败血症和细菌感染现象，这样，病人就会根据暗示的特点做出相应的反应。

詹姆斯医生的医术高超，手术后的患者死亡率很低，只有2%～3%。病人在手术期间感觉不到疼痛，几乎没有感染现象，也没有死在手术台上的事情发生。临床经验使詹姆斯医生得出结论，即病人本身具有较强的潜意识。

潜意识中蕴藏着无穷的智慧和力量。它由内在的泉水浇灌，这种内在的动力叫作生命的法则。一旦你在潜意识中输入了决定，它将排山倒海般地去达到目的。因此，你必须输入正确的、有建设性的想法。

世界上之所以有那么多的混乱和悲剧，就是因为许多人不理解他们自己心理的这两种意识的相互作用。如果这两种意识能一致地、和谐地、同步地合作，人们就肯定会经历平安、喜悦、健康和幸福，就很少会有疾病或悲剧产生。

历代受启迪的先知都表明了一个真理：潜意识里形成的东西，会在外

在的空间上展示出来。你的心里有的，你的身体和环境也有，这就是生命的伟大定律。

每个人都具有巨大的先天潜能，虽然不能人人都成为科学家，但经过训练，每个人都可以成就一番惊人的事业。每个人身上蕴藏着拓宽自己的思维、展现自己独特才华的能力，就像一位熟睡的巨人，等待着我们去唤醒它。这个巨人就是心灵的潜能。

无论遇到多少艰难险阻，只要相信自己还有尚未开发的无限潜能，你就一定能有所成就。只要一个人能打开自己心灵的窗户，就可以发现自己内心深处有一个无穷智慧的宝库，你若能很好地运用它，一切愿望都可以满足。遗憾的是，许多人都在沉睡。

世上的人有两种：一种是觉醒了的，他们充满着自信，拥有信仰，知道怎么干会成功；另一种是没有觉醒的，他们的内心经常被恐惧和疑虑占领着，当机会来临时总是说："我不行，我不会做，人们会笑我的。"

试想，一块磁化了的磁铁可以吸起12倍于自身重量的物体，可是当它一旦失去了磁性，就连一粒铁屑都吸不起来了。

磁化了的人实际上就是大量唤醒心灵潜能的人。所以，你要学会保持自己的磁性，也就是说要学会唤醒自己心灵的潜能。没有唤醒心灵潜能的人，在生活的道路上不会走得太远。因为他们害怕往前走，总是习惯于原地不动。

磁性存在于自己的潜意识中。你的潜意识能为你释放出让你难以置信的神奇力量。如果你能学会怎样感悟和释放潜意识中的力量，你的生活就会变得更美好、更幸福、更富有。

潜意识会使人产生思想、感受、爱心、力量。潜意识可以帮助你摆脱疾病的困扰，让你获得全新的生命。潜意识也能愈合心灵的创伤，为你打开心灵自由的大门。

人的生活包括客观的和主观的、看得见的和看不见的、思想上的和它的外在的表现。你往心灵深处写入什么，就会从外在体验到什么。

墨菲博士有过这样的经历。

多年前，墨菲博士通过默想，治愈了自己身上的皮肤瘤。之前他使用了各种医药，都无法遏制肿瘤的增长，并且状况不断恶化。

一位有着丰富的心理学知识的牧师，向他解释诗篇139节中一段话的意思：“我未成形的体质，你（上帝）的眼早已看见了；你所定的日子，我尚未度一日，你都写在你的册子上了。”

这位牧师说：“这里的册子就是指人的潜意识，是潜意识将看不见的细胞组成了人的所有器官。”牧师又说：“既然潜意识能造就人的身体，当然也能再造和愈合它。”

牧师又指着自己腕上的手表说：“这只表的制造者，在没造它之前，就已经在心中造好了。如果手表出了毛病，他当然可以把它修好。”

墨菲博士听完牧师的话，立刻明白牧师是在提醒他。他想：“我的潜意识创造了我，潜意识就是那个造表人，它当然也知道怎样治愈我的身体。但我必须跟它说我需要一个健康的身体。”

墨菲博士领悟到了潜意识的重要。他明白自己的身体和所有器官都是潜意识中那无穷的智慧创造的，潜意识也知道怎样愈合它们。它的功能造就了组织、肌肉、骨骼，现在它正将每一个原子重新组合，再造一个完美的墨菲博士。

墨菲博士每天都这样默想或大声地说，一天3次。大约过了3个月的时间，他的皮肤病真的痊愈了。

墨菲博士能够很快痊愈，就是不断地向自己的潜意识灌输积极而美好的思想，排除潜意识中那些根深蒂固的、给自己带来无尽麻烦的消极思想。如果他不去想，他的身体可能不会有变化。在思想上不断地肯定积极的东西，是愈合的基础。

自然界的许多定律，都需要趋于平衡。一个人来到这个世界，生命的定律就会有节奏地、和谐地流经这个人的身体，进入的部分必须等同流出的部分，向内的表达必须等同向外的表达，产生的所有沮丧是由于自己的

愿望没有能够满足。

你现在怎么想、怎么感受，你的现状就会表达出来。发掘你的潜意识，发挥你的长处吧！

唤醒心灵，使自己不再迷失

在漫长的人生道路上，或许我们会因为他人的误解和陷害而感到无助和彷徨；或许我们会因为挫折和困难的打击而失去奋斗的目标与勇气。然而，在面对这一切的时候，我们能够做到的也是必须做到的就是重新燃起希望的火炬，不要因此失去自己原本拥有的理想和希望，更不要因此而迷失自己。不要为他人莫名其妙的攻击和言论而感到失望和落魄；也不要因为生活中的挫折而认定自己不行，要坚持自己、把握自己！

在南非的沙比亚丛林中，至今还生活着一个非常原始的部落——西布罗，他们的生活来源主要是丛林中的动物。西布罗族人的捕猎方法很简单，他们会在丛林中铺设大片的胶泥地，在这片胶泥地上会放上一只野鸡来吸引那些猎物。那些肉食性的动物就会被吸引过来，而当这些动物一步步走近那只野鸡的时候，也就是它们自取灭亡的时候。因为胶泥地会让这些动物越陷越深，最后动弹不得，最后西布罗族人就轻而易举地把他们捉住了。这些肉食性动物在自己的生存环境中都属于强者，为什么会那么容易被捕呢？你也许会说人类聪明，但是最终的原因是这些动物掉进了自己欲望的陷阱里了，在食物的诱惑面前，它们迷失了自己，最终也丧失了自己的生命。而作为聪明的人类，当我们面临这样的问题的时候，会怎么样呢？或许大家不信，多数人还是会像那些动物一样迷失自己，最终不能自拔。

从古至今，在物欲横流的社会中迷失自己的人不胜枚举，但是，同样“不要迷失自我”也很受人们的重视。可以迷失自我的悲剧在今天依旧不断地上演，在这个浮躁的社会中，各种诱惑充斥着我们的生活，很多媒体都报道过权力、金钱、美色……让不少社会精英在这些欲望中迷失，并成为社会的败类、国家的蛀虫。这些案例给我们敲响了警钟，也让我们深刻认识到无论何时，都应该坚守自己内心的底线，决不迷失自己。

想要不迷失自己，就要彻底了解自己。当然，在如今的社会，每个人都希望拥有很好的物质生活，但是，我们需要通过自己的智慧和劳动去创造美好的生活，而并不是依靠其他的歪门邪道去获得这些物质生活，如此用自己的双手得到的幸福生活才能持久、踏实，也才更能体现一个人真正的人生价值。可是，在现实生活中，有些人因为利欲熏心、急功近利，常常在体现自己人生价值的过程中忘记自己的原意和本质，以至于迷失自己。

一个人想要生活得有价值，就不能在自己的人生道路上迷失自己。人生的道路总是坑坑洼洼，还会有很多绊脚石，走起来会很费劲儿，甚至会跌倒和摔伤。但是，不要因为这样就将自己出卖和迷失，人生只有走过了坎坷，才能取得真正的成功。

一个人在人生的道路上要坚守一份属于自己的执着，这样才可以在缥缈的水面稳驾自己的轻舟而不会迷失自我。在这个社会上，我们可以一无所有，唯独不能失去的是难能可贵的执着，它是我们人生的指路明灯，有了它照亮我们前进的方向，我们就不用害怕迷失自己了。

心灵话园：请不要瞧不起自己

生活中不少人总是瞧不起自己，他们总觉得自己与别人相比简直就如一根稻草一样毫无价值，因而做起事来也显得无精打采，毫无斗志。这些人往往就是垮在了自己身上存在的缺点和毛病上，这是因为自我贬低无异于降价处理自己。如果你认为自己满身缺点和毛病；如果你自认为是一个笨拙的人，是一个总是面临不幸的人；如果你承认你绝不能取得其他人所能取得的成就，那么，你只会因为自我贬低而失败。

爱默生说："假若一个人不自欺，他也不会被别人所欺骗。"拥有坚定与自信的个性，就不会自己骗自己。总是能对自己与生活作出相对积极的、实事求是的评价，就可以让自己的品格不断得到完善。在生活当中，永远不要无端地看不起自己和鄙视自己。

假若你总是显出一副自鸣得意的神色，就好像你捡了他人失去的东西一样，那么，你将会被别人视作小人。的确，其他人对我们的评价和我们自身的情况、成就有非常大的关系，而我们无法摆脱这种关系。所以，一个独立自主的人，从不会随便处理自己。瞧不起自己的人是自卑的，也是最具破坏力的。

有这样一位公司负责人，身为董事长，却总是蹑手蹑脚地走进董事会议室，就好像是一个无足轻重的人，完全不胜任董事长的职位。作为董事长的他竟然还感到奇怪，自己为什么只是董事会中一个无足轻重的人，自己为什么在董事会其他成员中的威信这么低，自己为什么很少受人尊重。

他没有意识到自己应当用心反思一段时间。假若他给自己全身都贴满“降价”的标签，假若他如同一个无足轻重的人那样行事、立身、处世，假若他给人的印象是他并不认识自己、相信自己，那他怎么可以希望其他人好好地对待自己呢？

假若我们对自己的前途有更为明确的认识，假若我们对自己拥有更大的信心，那么，我们就会取得更加美好的成果。只要我们能更好地认识到自己身上的潜力与高贵的一面，那么，我们就会对自己充满更大的信心。假若我们想达到高贵杰出的境界，那么我们就该向上看，应当多想想自己好的、崇高的一面。

瞧不起自己是一个不良习惯，这对一个人成功个性的培养极具腐蚀作用，它会打击人的自信心，扼杀人的独立精神，使人看起来就像没有长脊椎骨一样，找不到生活的支柱。

真正的绅士能够从容不迫地应付生活，哪怕自身有些缺点，也可以不卑不亢地面对一切。但是有些人好像天生就瞧不起自己，认为自己做什么都不行，他们躲躲闪闪，没有胆量正视生活，无论去哪里，总是坐在最后一排，或者想尽一切办法远离人们的视线。在人的个性里，或多或少存在着某种令人鄙视的弱点。人们通常羡慕那些勇敢的人，他们昂首阔步在人群中，拥有自由的精神，独立的思想，过自己梦想的生活，成为一个真正的人。

假若我们用征服者的心态对待人生，就会遗留给人们这样的印象，那就是我们相信自己将来会有所成就，而且这种信念是坚强有力的，是有必胜决心的；假若我们用屈服者的心态面对人生，我们就会以悔恨、自我贬低和逃避他人的心态出现在世人面前。正是这两种不同的心态成就了世界上人与人之间的差异。一个充满自信、注重自我尊严的人是不愿意自甘堕落的，与人交往时也不会利用下三烂的手法，更不会委曲求全。

一个人最好拥有谦逊的态度，但是，总是用负面词语来形容自己，自信的养成又谈何容易？有人总是把自己说得一无是处，时间一长，人们便会开始相信你所说的自我评价。

不可否认，自我调侃有时可能是为了降低对别人造成的潜在威胁，或是希望对方不介意你的这些缺点而包容自己，所以哪怕是在别人夸奖自己的时候也会说“我什么也不会”“其实我很笨的”“我真的很胖”等贬低自己的话语。但若是换位思考，假若你身边的朋友老是在你面前自我否定、一副没有信心的样子，你是不厌其烦地鼓励他，还是感到厌烦？没有人喜欢一天到晚聆听丧气话，所以假若你有过分自谦的倾向，那么赶紧改正吧。

对待自己像对待尊贵的客人那样，无论赞美也好，生活也罢，善待自己，通常可以提升自己生活的价值，树立信心，随时将自己当成生活的赢家。

心灵警醒：请正视自己的弱点

常言道：“金无足赤，人无完人。”是人，就会有缺点，总会发现自己有这样或那样的缺点和不足。俗话说“爱美之心，人皆有之”。想让自己变得完美是人们普遍的心理，但有些事情是无法以人们的意志为转移的，我们有必要去正视它、善待它。在生活中，“不如意者十有八九”，抱着积极的态度，敢于直面、敢于正视，肯定会获益匪浅、收效颇多。它能让你尽快摆脱阴影，向着阳光的地方大步迈进；它可以激励你扬长避短，向着成功的港湾急速前进。

正视自己的缺点，需要很大的勇气。面对不足，假若缺乏勇气，就很难走出阴影，很难改变自身。拥有勇气，便有了对抗压力的信心，同样也有了挑战命运的动力。台湾著名画家谢坤山失去一条腿一只手一只眼，面对这样的身体缺陷，他凭借非常大的勇气，顾不上连上厕所都尴尬的局面，顾不上没有任何画画基础的现实，终于在画布里拼搏出了属于自己的精彩人生，成为人们学习的楷模。他勇于正视自己的不足，靠的便是那份“我要养活我自己”的勇气。

正视自己的不足，就是挑战自我。寸有所长，尺有所短。面对自己的“所短”，你必须挑战自己，克服障碍，扬己“所长”，这样，才能取长补短，才能变不利为有利，变坎坷为坦途。当代作家史铁生，在20岁的时候突然双腿瘫痪，面对自己身体的严重不足，他感到过绝望，想到过死。但后来，他挑战了自我，抗衡了消极心理，觉得死亡是一件不必急于求成的事，要好好活着。解放了被死亡奴役的心灵，发挥他爱好文学的特长，终于在文坛上树立了自己的地位。可以说，如果没有正视自己的不足，没有在地坛的挑战自我，就没有他的功成名就。

人要敢于正视自己的不足，国家的发展也要敢于正视自己的不足。当前，我国正在建设和谐社会，在这个过程中，还存在很多不和谐的音符。个人素养亟待提高，以人为本意识尤需强化，环境保护力度必须加大。方方面面的不足，需要我们每个公民正视，需要全社会都来关注。只有正视发展中的不足，我们的建设步子才能迈得更大，路才能走得更稳。

学会包容自己的不完美

下面是一个真实的故事。

一个刚从越战归来的士兵从旧金山打电话给他的父母，告诉他们：“爸、妈，我回来了，可是我有个不情之请。我想带一个朋友同我一起回家。”

“当然好啊！”父母回答，“我们会很高兴见到他的。”

不过儿子接下去说：“可是有件事我想先告诉你们，他在越战中受了重伤，少了一条胳臂和一只脚，他现在走投无路，我想请他回来和我们一起生活。”

父亲沉默了一会儿，说：“儿子，我很遗憾，不过或许我们可以帮他找个安身之处。”

儿子的声音有些颤抖：“难道你们不能接受一个残疾人和你们生活在一起吗？”

父亲说：“儿子，你不知道自己在说些什么，像他这样的残疾人会对我们的生活造成很大的负担。我们还有自己的生活要过，不能这样让他破坏了。我建议你先回家，然后忘了他，他会找到属于自己的一片天空的。”

儿子沉默了，挂断了电话，他的父母再也没有收到他的消息。

几天后，这对焦急的父母接到了来自旧金山警局的电话，告知他们自己亲爱的儿子已经坠楼身亡了。警方相信这只是单纯的自杀案件。于是他们伤心欲绝地飞往旧金山，并在警方带领之下到停尸间去辨认儿子的遗体。

那的确是他们的儿子，可是，令他们惊讶的是，儿子居然只有一条胳臂和一条腿。

也许有很多人会指责那对父母，认为正是他们对残缺的拒绝导致了儿子的死亡。但是，如果那个儿子能坚强一些，忍耐一点，相信父母对自己的爱，毕竟血浓于水，父母终究会接纳他的。

可惜的是，这个儿子对自己和亲人都已失去了信心。正是由于他不能包容残缺的自己，甚至不能面对残缺的自己，才选择了不归路。

要知道，一切事物都取决于自己的心，而不是别人对自己的看法。每个人都有这样那样的缺憾或不足，只要我们懂得包容甚至欣赏自己的不完美，尽管外表会老去、会残缺，但绝美的心灵之花是会永远丰盈不凋零的。

事实上，很多乐观豁达的人是这样想也是这样做的。

中国著名专栏作家罗西曾见过这样一位人力三轮车师傅，50多岁，相貌堂堂，如果去唱歌，应该属偶像级的。问他为什么愿干这样的“活儿”，他笑着从车上跳下，并夸张地走了几步，哦，原来是跛足，左腿长，右腿短，天生的。

问者有点不忍。可他却很坦然，仍笑着说，为了能不走路，踩三轮车便是最好的伪装，这也算是“英雄有用武之地”。不时，他还转过头“告慰”问者：“我太太很漂亮，儿子也很帅！”

坐他的车，如沐春风。他说，自己没有什么文化，有好体力，踩三轮车很环保，也可养家糊口，一天可挣上百元，他有人生三愿，即吃得下饭，睡得着觉，笑得出来。

他是真的快乐。

英国有位作家兼广播主持人叫汤姆·萨克，事业、爱情皆得意，但他只有1.3米，他不自卑，别人只会学“走”，他学会了“跳”，所以，他成功了，他有句豪言壮语：“我能够得到任何想要的东西。”

不足和残缺，很大程度上都不是人们主观上想去造成和承受的。而太多的洗礼，使得世人往往产生了以貌取人、以第一印象看人的习惯。别人不看好你，是因为他们长期养成的习惯，但如果你自己也不看好自己，因此而消沉、颓废下去，那这些残缺和不足就会长在你的心里，人们对你的误解也就会慢慢变成事实。

不要让外表的不完美影响人生乐章的流畅演奏，如果你的高跟鞋有一个跟断了，就将鞋脱下，愉快地、自信地跳完你的人生之舞吧。

挑战自己的心灵，发现真实的自我

成功的人生，往往充满挑战和风险，那些勇敢的人往往能战胜困难，使自己的人生变得壮丽辉煌。

张兰出生在一个普通的家庭，她的成长道路可谓坎坷不平。11岁那年，张兰以优异的成绩考入县里的重点中学，几个月后，由于被误诊，张兰的腿被截肢了，这使得她生活不能自理。很长一段时间，张兰都意志消沉，甚至想到过自杀。

在绝望的日子里，父母带着张兰四处求医，他们从不在张兰面前流泪，总是鼓励张兰不要放弃。他们经常给张兰讲那些伟人们不屈不挠的故事，告诉她要坚强。伟人们的乐观精神和不屈不挠的意志深深地震撼着张兰，她重新树立了信心。张兰决定继续读书，她下定决心开始自学。那一年，张兰14岁。张兰渴望通过不懈努力改变命运，不成为家庭的负担。

刚开始自学的时候，张兰要面对身体上和学习上的双重考验。虚弱的体质、无法坐立的苦恼、腰背的疼痛……所有这些身体上的痛苦张兰都能忍受。但是，学习上的困难和挫折常使张兰心浮气躁、寝食难安。开始自学，各种难题扑面而来。张兰变得焦躁、自卑，但她没有止步不前。在大量的体能训练之余，她每天坚持读书，时间也是由短变长，但自学的难度巨大，问题也越积越多，这曾让张兰感到难以继续下去了。这时，那些伟人们的不屈斗志再次激励着张兰前进。张兰静心学习，终于闯过了前进路上的难关，自学了初中三年的主要课程。

张兰虽然不能参加正规高考，但她报名参加了自学考试。由于行动不便，她无法参加外面的辅导班，只能靠自学，各种困难可想而知。考试前一天晚上，她既兴奋又紧张，这使她无法入睡。第一次自考，也是她几年中少有的几次外出，她通过了考试，这极大地鼓舞了她。后来，她以优异的成绩拿到了本科学历。

张兰相信，只要不断地努力，就能做一个对社会有用的人。

要想取得成功就要面对各种困难和挑战。人生的意义之一就是战胜困难和挑战，在不断奋斗中体验生活的快乐。

心灵驿站

你可以战胜你自己吗

经常有人说：世界上最大的敌人其实就是自己，当你能够战胜自己时，就没有解决不了的问题。那么，你认为你能够战胜自己吗？

1. 取得胜利时你会有怎样的情绪？(　)

A. 内心深处是非常高兴的

B. 有一点儿高兴

C. 一点都不高兴

2. 人际交往中你和别人发生过矛盾吗？(　)

A. 从来都没有

B. 经常有

C. 太多了，自己已经记不清次数了

3. 一个小男孩正费劲地搬一个很重的箱子，当你看到他快要放弃时，你会怎么做？(　)

A. 鼓励他要勇于尝试

B. 只是安慰他

C. 告诉他应该量力而行

4. 你帮助别人时，大多是在什么情况下？(　)

A. 觉得有意义的时候才去做

B. 别人请求我帮忙

C. 即使别人没有说，自己也会主动帮忙

5. 你的朋友让你感到失望吗？（ ）

A. 很少

B. 经常

C. 总是让我感到失望

6. 在你最需要别人帮助时，你会怎么做？（ ）

A. 主动去邀请别人来帮忙

B. 我应该自己解决这个问题

C. 会主动拒绝别人的帮助

7. 如果你在参加一次聚会时迟到了，而参加聚会的其他人正闹成一团，你会给自己多长时间进入聚会的状态？（ ）

A. 马上就可以融入到聚会中

B. 融入进去的速度会非常慢

C. 很难再融入到聚会中

8. 刚刚参加完一场篮球比赛，你的感觉怎么样？（ ）

A. 非常好

B. 很累

C. 很舒服

9. 当你心情烦躁时，恰好又需要与他人沟通事情，你会怎么做？（ ）

A. 我不会因为这个而伤害到别人

B. 有可能会伤害到别人

C. 会有不一样的举动，让别人感到惊讶

10. 你是怎样面对陌生人的？（ ）

A. 一般都会主动地向别人示好

B. 开始的时候总是保持一定的距离

C. 对别人总是非常冷淡

11. 那些对你很好的人，你是怎么看的？（ ）

A. 觉得他们确实非常好

B. 他们对我好可能另有居心

C. 他们的行为让我觉得非常无聊

评分标准：

选A计1分，选B计2分，选C计3分。

总得分为0~19分：这种人只会考虑自己的利益，而且只做对自己有益的事情。不过，他们也从不会刻意地伤害别人，而且有的时候，处事方式也会让别人感到很快乐。

总得分为20~30分：这种人非常善良，经常会这样想："与其让别人来帮忙，还不如我自己来做呢！"因此，很多人都会觉得这个人特别的好，很少去麻烦你身边的人，但是很多时候会吃亏。

总得分为31分以上：这种人凡事都喜欢为别人考虑，总是做一些刻意讨好别人的事情，希望身边的人都可以满意，可是却经常得不到什么回报。因此，应该多多关注自己的利益，有的时候也要为维护自己的利益而采取一些措施。

第二章

心灵自律：给心灵来次大“阅兵”

自省是自我进步的梯子，是征服他人的利器。每次的自我反省就是一次检阅、一次提升、一次重新认识自己的机会。积极的自省，将在很大程度上影响一个人的前途和命运。自省是净化心灵的手段，了解自我的途径。学会反省，懂得自律，为自己的心灵来一次大“阅兵”吧！

自律：心灵成长的必由之路

自律就是管住自己、管好自己，它能使人自知，能使人学会战胜自己，能使人养成良好的行为习惯，能使人获得行动的自由，能使人高尚起来……自律表现为懂得自爱、勇于自省、善于自控。

在一个漆黑的雪夜，中士约翰正匆匆忙忙地往家赶，当他路过一个公园的时候，一个年轻人拦住了他，并对他说：“对不起，打扰了，先生，您是位军人吗？”

约翰回答道：“是的，我是一名军人，我能够为您做些什么吗？”

年轻人说：“是这样的，刚才我经过公园的时候，听到一个孩子在哭，我问他为什么不回家，他说，他是士兵，他在站岗，没有命令他不能离开这里。这其实是他和小朋友玩的一个游戏，当初其他的孩子任命他当卫兵，让他站岗，现在和他一起玩儿的那些孩子都不知跑到哪里去了，大概都回家了。天这么黑，雪这么大，我说，你也回家

吧，他说不，他必须得到命令，站岗是他的责任。我怎么劝他回去他都不听，只好请先生帮忙了。”

约翰听过之后说：“好吧，我去看一下。”

约翰和这个年轻人一起来到公园，看到在那个不显眼的地方，有一个小男孩站在那里。显然，这个孩子已经在那儿站了很长时间了，可能是因为又冷又饿，加之当时天已经很黑了，孩子害怕得哭了起来，但依然一动不动。

约翰走过去，敬了一个军礼，然后说：“下士先生，我是中士约翰·格林，你为什么站在这里?”

“报告中士先生，我在站岗。”小男孩停止了哭泣，回答道。

“天这么黑，雪这么大，你为什么不回家?”约翰问。

“报告中士先生，这是我的责任，我不能离开这里，因为我还没有得到命令。”小男孩回答。

“那好，我是中士，我命令你回家，立刻回家。”约翰的心又为之震了一下。

“是，中士先生。”小男孩高兴地说，然后向约翰敬了一个不太标准的军礼，撒腿就跑了。

约翰事后回忆起这件事来，说：“从这个孩子身上，我才知道了什么叫作自律。自律是一种类似于信仰的强大的力量，它可以让人充满责任感，战胜一切困难。”

缺乏自律的人，只有靠外力来管束自己；不能自律的人，只能做些听人差遣的工作；完全缺乏自律的人，终究难以有成就；对于拥有自律精神的人来讲，他们往往更能坚持自己的信念，不容易动摇，而这都是获取成功的必要因素。

自律对于我们的心灵成长是非常重要的。自律，是解决问题的首要工具，也是消除人生痛苦的重要手段。

学会做个自我反省的人

我们的意识往往是对外的，总是习惯性地把意识投向“我”以外的人和物身上，而很少会反躬自问，勇敢地正视自己的问题，保持一种健康平和的心态。

每个人都不是十全十美的，都有说错话、做错事的时候。有时，我们在没有恶意的情况下说了一些话，却令别人不开心，甚至伤害到别人，但我们对别人的不开心，或受到的伤害却一无所知。在学习中，我们一直忙忙碌碌，却不分主次、没有目的，最后成绩没上去，我们也不积极去寻找原因。在生活中，我们犯了错，却不肯反省，只想到遮掩，只会狡辩、抱屈、怨天尤人，总是不能保持一种良好的心态。

作为日本著名的企业家，松下幸之助就被职员们认为是一个不断反省、正视自己，“严于律己，宽以待人”的人，而他自己也将“以身作则”作为自己的座右铭。

1918 年，松下幸之助考上了日本一所著名的高中，住进了学校宿舍，开始了集体生活。当时自修教室的清洁卫生工作，应该由包括松下幸之助在内的几个同学共同负责。可是，每天做卫生工作的时候，都只有松下幸之助一个人在干活。当时的他觉得这很不公平，就向同乡的一位学长告状。他说得慷慨激昂，觉得公理应该在自己这一边。

可是那位学长等到他的情绪稳定之后，只是慢悠悠地说了一句：“只要你自己尽到了责任和义务，不就好了吗？你又何必去责备别人呢？”

于是，从第二天早晨开始，松下幸之助还像往常一样，独自清扫着自修教室，只是这次他的心中已经没有了怨气。其他的同学虽然仍旧没有参加，可他已经不放在心上了。不久，那些同学看到松下幸之助一个人干活，而又丝毫没有怨言，便有些看不过去了。于是，他们也逐渐加入到清扫教室的队伍之中。

松下幸之助并没有想到同学们最后会和他一起轮流值日，这件事情使松下幸之助终生难忘。步入社会后，他也一直抱着这种“先看自己是否做到了”的信条，时时严格要求自己。

经过多年的奋斗，松下幸之助创立了“松下电器”。松下幸之助被人尊称为“经营之神”。1981 年 86 岁的松下幸之助被日本政府授予“一等旭日大绶勋章”，这是日本最高的奖章。如今，松下的分公司已经遍及世界各地。

松下幸之助的故事告诉我们，遇到问题，不要先去责备别人，而是自己要先反省一下：希望别人做到的事，自己是否做到了。学会自我反省的人，会拥有平静、健康的心灵。

自省让我们的心灵更迷人

在生活中，不断做自我反省才可以令自己立于不败之地。自省就是反省自己，这是只有人类才能办到的事。

一般来说，要想了解自己的优劣一定要勤于自省，只有这样，才能时时审视自己。简言之，就是“自我观照”。所谓“自我观照”就是跳出自己的身体之外，从外面重新观看审察自己的所作所为是否为最佳的选择。这样做不仅可以了解自己，如果存在缺点，更可以在之后的时间里加以改正。

那些很少犯错误的人往往能够做到时时审视自己，在审视自己的过程中，他们也会有所考虑。他们会考虑自己的优缺点，从而更了解自己。

1. 培养自省意识，需摒弃“只知责人，不知责己”的劣根性

当面对问题时，人们总是说：

“这不是我的错。”

“我不是故意的。”

“没有人不让我这样做。”

“这不是我干的。”

“本来不会这样的，都怪……”

这些话是什么意思呢？

“这不是我的错”是一种全盘否认。否认是人们在逃避责任时的常用手段。当人们乞求宽恕时，这种精心编造的借口经常会脱口而出。

“我不是故意的”则是一种请求宽恕的说法。通过表白自己并无恶意而推卸掉部分责任。

“没有人不让我这样做”表明此人想借装傻蒙混过关。

“这不是我干的”是最直接的否认。

“本来不会这样的，都怪……”是凭借扩大责任范围推卸自身责任。

找借口逃避责任的人往往都能侥幸逃脱。他们因逃避或拖延了自身错误的社会后果而自鸣得意，却从来不反省自己在错误的形成中起到了什么作用。

为了免受谴责，有些人甚至会选择欺骗手段，尤其是当他们明知故犯的时候。这就是所谓“罪与罚两面性理论”的中心内容，而这个论断又揭示了这一理论的另一方面。当你明知故犯一个错误时，除了编造一个敷衍他人的借口之外，有时你会给自己找出另外一个理由。

2. 要想培养自省意识，就要养成自我反省的习惯

从早上起床到晚上睡觉的时间中，我们不知道会照多少次镜子。我们照镜子往往是为了查看一下外表有什么不妥之处，但从来没有照过我们的内心。然而，与对外表的自我检查相比，对本身内在的思想做自我检查要更为重要。我们不妨可以问一下自己：每天，我能够做多少次这样的自我检查呢？我们也可以想象一下，如果我们从早到晚都没有照过镜子，污点可能在我们的脸上待一天，或许领带打错了……总之，在出门的时候并没有发现已经存在的问题。这些问题都是可以解决的。但是，如果我们不对内在的思想做自我检查，那么，后果是不堪设想的。或者说错了话，或者举止不雅，或者心术不正……这都是非常可怕的。所以，养成自我检查的习惯是非常必要的。当我们爬上床准备睡觉的时候，可以想一下今天都做了些什么事情，什么事情做得让自己满意，什么不满意，这样之后就知道怎么做了。

3. 有自知之明也可以培养自省意识

最能设计好一个人人生的是他自己，同样，最了解一个人的也是他自己。的确，做到正确地认识自己是非常困难的。所以，我们经常说“人贵有自知之明”“好说己长便是短，自知己短便是长”……做到有自知之明实属不易，因为它不仅是一种高尚的品德，而且是一种高深的智慧。所以，很多人可以做到严于责己、不断自省，但无法把自己看得清楚。在对自己评价的时候，很多人无法正确估计自己，如果把自己估计得过高了，就会自大，看不到自己的短处；如果把自己估计得过低了，就会自卑，自己对自己缺乏信心；而做到有自知之明，就是估计无误。所以，当你让一个人评价自己的时候，你会发现他自己也是非常矛盾的。

增强心灵内省的感受能力

感受能力是内省智能的一种，感受能力强的人能读懂自己的心声和体验，还能很好地破译他人的心理感受。

一个人刚刚出生的时候，是不懂得思维、思考和分析的，拥有的天然能力就是感受能力，可以感受到冷暖，可以感受到爱恨。饿了的时候就哭，感受到妈妈的爱时就笑。

感受能力是对自然智能各种感觉统合之后在中枢形成的冲动，我们通常所说的敏感、敏锐就是指感受能力，是大脑皮质中枢环路的思维敏感性。

人的感受能力是完全不同的，一个迟钝的人能看见物体，也能观察事件，但他只不过是摄录机，感觉的是光影与声音的变化而不是事物的变化，更谈不上趋势。具有敏锐感受力的人，一点点蛛丝马迹的变化都能引起强烈的心灵震动、全方位多层次的内心体验。同样的事，具有敏锐感受力的人会产生许多别人没有的感受，别人发生的事他们会拿到自己身上一遍遍地感受，不断地用情感衡量它，用思维分析它，直到弄清事物变化的内在规律与意义。具有敏锐感受力的人可能在众多领域都有建树，就是因为他们在众多领域均有感悟。

通常重大压力事件能让人顿悟，可重大事件肯定会涉及许多人，怎么就只有个别人成功了呢？这就与一个人的感受能力有关，敏感的人能产生很多顿悟，迟钝的人像没发生什么事一样，而哲人每每从一般事件中、一些自然现象中均能获得顿悟。

感受能力强的人对不同领域有不同表现，有人对自然现象敏感，希望进行自然探索；有人对社会现象敏感，热衷于公众事务；还有人对商业经济信息敏感，报纸上、火车上、酒席上的一句话都会触动他们发财的神经。

有一种比较特殊的感受即直觉能力，它是不依赖于逻辑推理就直接得出某种关联的能力。直觉来源于经验的积累，即大量看似无关的背景信息的积累，是对事物内在规律的深刻理解。

感受能力是一个人最重要的能力，一个人的感受能力决定着他是自然界的“盲目之子”还是主宰自身引导自然的“上帝之子”，后者是人类的先知先觉者，人类在自然界中迈出的每一步都是由他们引领的。

成功人士正是这样的人，自然界的丝微变化，人际关系的丝微变化，社会环境的丝微变化，都逃不脱他们敏锐的感受，他们会像先知一般地或引导、或更正、或阻断、或解决、或利用这些蛛丝马迹，他们被认为有预见性、料事如神。如果世上真有料事如神，那就是感受如神，很多人要等事态明朗了才能有所感受，进而采取行动，其避免失败还可以，攫取成功就有点难了。

感受能力是内省智能的一种，感受能力强的人能读懂自己的心声和体验，还能很好地破译他人的心理感受。美国心理学家罗杰斯把它理解为，能像体验自身精神世界一样体验到别人的精神世界的能力。

我国古代，无论是哲学家，还是文论家，都非常重视心理直觉的体验、心性感悟的内省、心理情绪的设喻和表述。儒家的内省就是侧重于内心的体验和感悟。可见，提高内省智能就应在切实培养感受能力上下功夫。

长期以来，我国的教育，发展的是知识、技能这一方面，不够重视培养人的感受能力。培养出来的人只会用脑思考，却不懂用心感受。因此，我们需要多锻炼自己的感受能力，感受自己，感受他人。

美国行为主义者拉施里，一生从事人的意识与行为研究工作，著有《意识的行为主义解释》《脑的机制与智力》。在内省问题上，拉施里把内省理解为通过内部感官对自己身体内部的变化所进行的观察。人凭借感官感知外界的事物，感知的事物信息与心灵相互作用、融合，就会激起情感波澜，形成各种各样的感受。所以，想提高感受能力就要进行官能训练。

官能的训练要重视对各个感官（眼、耳、鼻、舌、身）的综合训练，因为每个人在感知事物时往往不是用单一的感觉器官，而是多种感官的共同运用，各种感觉相通互补，这样才能形成对事物总体的感受。各种感官一齐开放，全面综合运用各种感官感觉切身感受，通过自我体验提高感受能力。

一个人感受能力越强越有自己的思想，越有智慧。思想的一个特征是基于内省的洞察，需要穿透表层，依赖于人生体验和思考的习惯。思考的过程不需要语言，叫作“悟”，是人的心灵感悟。

我们还需要在广阔的社会生活中体验我们的感受，提升自己的感受能力。不仅感受自己，还要感受他人，让我们的内心的花朵开放，让我们的生命保持灿烂。这样做，不仅仅是一种内省精神，更是一种与世界沟通的心灵能力。

如果我们做事只考虑自己的感受，不顾别人的感受，就会遇到一些烦恼和挫折，内心的花也开不成，也就体验不到快乐了。

增强自我评价的能力

自知能力对每一个人都很重要，主要包括 3 方面：自我认识的能力、自我评价的能力及自我调节的能力。自知能力对每一个人都很重要，自知能力越高，越能创造更高的社会价值，实现更高的自我价值。

内省智能是认识、了解和反省自己的能力，它包含自知能力。一个人到底能对自己了解到什么程度，这不是一般的能力，可以说是人类智能的最高智慧。

人生，关键是正确认识自我。古希腊哲学家苏格拉底提出“认识你自己”。在苏格拉底看来，未经审视的人生是没有价值的人生。人生中很多问题都是源自不能正确地认识自我，或是过高地估价了自己，或自以为遭遇挫折，或是因过低地估价了自己而裹足不前。

人生，就是一个不断认识自我的过程。社会生活中的每个人都应当对自己的素质、潜能、特长、缺陷、经验等各种基本特征有一个清醒的认识，从而对自己在社会、工作、生活中可能扮演的角色有一个明确的定位，这是一种自知之明的能力，意味着能够正确评估自己的能力与局限，并对自身价值和自身能力有准确的判断。有自知之明的人既能够在他人面前展示自己的特长，也不会刻意掩盖自己的欠缺；在生活中遇到挫折的时候不会全面否定自己，在取得成绩时也不会忘乎所以。概括地说，自知之明意味着自信、客观、理性。

要认识自己，必须要做一个有心人，经常反省自己在日常生活中的点滴表现，总结自己是一个什么样的人，找出自己的优点和缺点，这是我们自己教育自己、自我提高的重要途径。

我们还可以通过他人了解自己。“不识庐山真面目，只缘身在此山中。”认识自己有时候的确比较难，一般来说，当局者迷，旁观者清，周围的人对我们的态度和评价能帮助我们认识自己、了解自己。我们要尊重他人的态度与评价，冷静地分析，对他人的态度与评价既不能盲从，也不能忽视。

自我评价是自我意识的一种表现，是人对自身条件、素质、才能等各方面情况的一种判断，是激发人向上进取的内在动力。英国作家毛姆说：“任何人身上不是只有一个自我，而是有多个自我。”因而，如果一个人有自知之明，会很快地发现自己与众不同并且欣然适当地评价自己。因为一个人只有在自我评价中才能真正地把握人生的方向。

自我评价是一种泰然的检视，时刻都能测试出自己的好与劣。但它不是一成不变的，而是一个动态的过程，尤其对于年轻人而言更是如此。不断地审视自己的优点和不足、不断更新自我，这就是自我评价对我们每一个人成长的影响。

要提高自身的自我评价能力，就应学会与别人进行比较，通过比较做出评价。我们还应学会借助别人的评价来评价自己，学会用一分为二的观点评价自己。自我评价是自我认识中的核心，直接制约着自我调控，所以，进行自我意识训练，核心应放在自我评价能力的提高上。

增强自我评价能力要做到以下几点。

1. 学会自我调节

自我调节是自我意识的意志成分，主要表现为个人对自己的行为、活动和态度的调控，包括自我检查、自我监督、自我控制等。自我检查是一个人在头脑中将自己的活动结果与活动目的加以比较、对照的过程。自我监督是一个人以其良心或内在的行为准则对自己的言行实行监督的过程。自我控制是一个人对自身心理与行为的主动的掌握。

自我调节是自我意识的执行方面，自我意识的能动性最终体现在自我调节之上。为了强化自我调节能力，关键要激发自我调节的动机，在思想上充分认识到自我调节对自己心理和行为发展产生的巨大必要性和重要性，同时坚信自我调节是可以学会并养成习惯的，从而产生进行自我调节的迫切意愿。

2. 要保证自我调节的经常性

古人说："吾日三省吾身。"提倡频繁地反躬自省，不仅从修身养性的角度说是有益的，而且从心理发展的角度说也是有着积极意义的。经常反省使人随时了解自己，发现问题，认清差距，分析原因，寻找解决办法。经常反省、善于反省是心理发展到一定水平的表现。经常且有效的反省，必将促进自身心理水平的进一步发展。因此，倘能进入良性循环，就会出现正面反馈效应，使自己获益匪浅。

3. 加强自身修养

自我调节能力的强弱，是由个人修养和素质的高低所决定的。加强自我修养和提高自身素质，可以提高自我调节能力。

良好的自我认识能力有利于更好地了解自己和正确地评价自己，能恰当地选择与自身能力、兴趣、价值观相一致的生活方式，有助于个人为自己找到合适的生存空间及发展方向，并选择一条既适合自己又能带来适度挑战的成功之路。

洗涤心灵的最好方式：慎独

在心理学上，有一个词语叫作“慎独”，意思是说，独处的时候，没有他人的干涉和监督，凭着高度自觉，不做任何有违道德信念、做人原则的事。然而靠什么做到“慎独”呢？靠的就是自律。

慎独作为一种道德修养，最早见于《礼记》：“莫显乎微，故君子慎其独也。”君子不会担心在别人看不到的地方放纵自己。我们要做一个坦荡的君子，不需要别人来约束自己。君子会扪心自问：我像个君子吗？这就是慎独。

确实，一个人在独立工作、无人监督时，有做各种坏事的可能。而做不做坏事，能否做到“慎独”以及坚持“慎独”所能达到的程度，是衡量人们是否坚持自我修身以及在修身中取得成绩大小的重要标尺。

古人推崇“君子慎独”，就是说即使在独处时也要自律，不做违背原则的事，即便没人知道，也有天知、地知、我知（自己的心知道）。

东汉时期杨震慎独的故事，就是一个严于律己的好例子。

杨震在担任荆州刺史时，发现秀才王密是个人才，便举荐王密为昌邑县令，后来杨震改任东莱太守，路过昌邑时，王密对他照应得无微不至。到了晚上，王密悄悄来到杨震住处，见室内无人，便捧出黄金10斤送给杨震，杨震连忙摆手拒绝说："以前因为我了解你，所以举荐你，你这样做就是你太不了解我了！"王密轻声说："现在是夜里，没人知道。"杨震正色道："天知，地知，你知，我知，怎么说没人知道！"王密听了，羞愧地退了出来。杨震为官公正廉洁，不接受私礼，其子孙也是蔬食步行、生活朴素。有些老朋友劝他置点儿产业留给子孙，他说："使后世成为'清白吏子孙'，用这样的好名声做产业，不是十分丰厚吗？"

一个慎独的人，往往也是一个高尚的人。不过，人非圣贤，孰能无过？即便是再慎独的人也难免会有犯错的时候，所不同的是，慎独的人在犯了错误之后敢于纠正自己的错误，敢于承担自己的错误所带来的后果，哪怕为此付出沉痛的代价。

有一位名医在当地享有盛誉，有一天，一位青年妇女前来找他看病，名医检查后发现妇女的子宫里有一个瘤，需要动手术割除。

手术很快就安排好了，手术室里都是最先进的医疗器材，对这位做过上千次手术的名医来说，这只不过是一个小手术。

他切开病人的腹部，向子宫深处观察，就在他准备下刀时，突然全身一震，他的刀子停在了空中，豆大的汗珠冒上额头，他看到了一件令他难以置信的事：子宫里长的不是肿瘤，是个胎儿！他的手颤抖了，内心陷入了矛盾的挣扎中。如果硬把胎儿拿掉，然后告诉病人摘除的是肿瘤，病人一定会感激得恩同再造；相反，如果他承认自己看走了眼，那么他将会声名扫地。

犹豫几秒钟后，医生下定了决心，他小心地缝合好刀口，回到办公室静待病人苏醒。之后，他走到病人床前，对病人和病人的家属说道："对不起，我看错了，你只是怀孕了，没有长瘤。所幸及时发现，孩子安好，你一定能生下一个可爱的小宝宝！"

听完他的话，病人和家属全呆住了。过了几秒钟，病人的丈夫突然冲过去，抓住名医的领子吼道："你这个庸医，我要找你算账！"

孩子果然安好，而且发育正常，但医生却被告得差点破产。

有朋友笑他，为什么不将错就错？就算你说那是个畸形的死胎，又有谁能知道？

“老天知道。”名医只是淡淡一笑。

可见，慎独的人都有一双无法摆脱的天神之眼。天是心中那片天，心中有原则，做事就不会为得失所迷，心情就不会为得失所累。

随着年龄的增长，我们会承担越来越多的家庭责任和社会责任，如何才能更好地履行自己的责任呢？唯有做到慎独。慎独是为人的最高境界，慎独是洗涤心灵最好的方式。

提升自我意识

提升自我意识能促使人们在自我认识和自我表现的基础上，通过自我修养与自我教育达到自我完善。

自我意识是一个人对自己的认识和评价，包括对自己心理倾向、个性心理特征和心理过程的认识与评价。正是由于人具有自我意识，才能使人对自己的思想和行为进行自我控制和调节，使自己形成完整的个性。

自我意识包括3个层次：对自己及其状态的认识；对自己肢体活动状态的认识；对自己思维、情感、意志等心理活动的认识。自我意识是人的自觉性、自控力的前提，对自我教育有推动作用。人只有意识到自己是谁，应该做什么的时候，才会自觉自律地去行动。自我意识是改造自身主观因素的途径，它能使人不断地自我监督、自我修养、自我完善。

法兰柯是一位犹太裔心理学家，第二次世界大战期间被关进纳粹死亡营，遭遇极其悲惨。父母、妻子与兄弟都死于纳粹魔掌，唯一的亲人只剩下一个妹妹。他本人则受到严刑拷打，朝不保夕。

有一天，他赤身独处于囚室，忽然顿悟，产生一种全新的自由感受，当时他只知晓这种自由是纳粹永远无法剥夺的。在客观环境上，他完全受制于人，但自我意识却是独立的，超脱于肉体束缚之外。他在脑海中设想各种各样的状况。譬如说，获释后将如何站在讲台上，把这一段痛苦折磨学得的宝贵教训传授给学生。凭着想象与记忆，他不断锻炼自己的意志，直到心灵的自由终于超越了纳粹的禁锢。

处在最恶劣的环境中，法兰柯运用难得的自我意识，发掘出人性最可贵的一面，那就是人有“选择的自由”。自我意识是超脱于肉体束缚之外的独立，我们正是要让这独立于我们肉体之外的自我意识引领自我走向完美。

自我意识是人的意识的最高形式，对人的认识活动起着监控作用。人通过控制自己的意识而相应地调节自己的思维和行为，通过对自我进行审视与反省，完成自我发展和自我实现。

心灵驿站

自我评价

下面的问题请一律用“是”或“否”来回答。

1. 父母的夸奖要比老师同学的夸奖更让人高兴。

2. 帮助别人时我非常高兴。

3. 父母也会有犯错的时候。

4. 我认为只要做错了事就应该受到惩罚，而原因并不重要。

5. 好学生和坏学生打架，肯定是坏学生的错。

6. 珍珍爱学习，而元元爱劳动，她们都是好孩子，这中间没有什么差别。

7. 我觉得自己是一个很不错的学生。

8. 不小心踩了别人的脚和故意踩别人的脚都是一样坏。

9. 当我的好朋友和别人发生矛盾时，无论如何我都会站在我朋友这一边。

10. 我会根据一个人的所作所为来判断他是否是个好人。

得分表

题　号	“是”得分（分）	“否”得分（分）
1	1	0
2	1	0
3	0	1
4	0	1
5	0	1
6	0	1
7	1	0
8	0	1
9	1	0
10	1	0

总得分为0～3分：你的自我评价非常消极，不能对自己进行非常正确的评价，也没有正确的价值观，且不能很好地判断自己的发展前景，自信心不足，总是犹犹豫豫。

总得分为4～7分：你能对他人进行比较客观公正的评价，可是很难公正地评价自己，你还是有一定的自信心的，但是非常容易受到别人的影响。

总得分为8分以上：你能够对自己和他人进行比较客观公正的评价，有着很好的判断能力和控制能力，可是在有些方面还不太完善，做事情时也缺乏谨慎的态度。

第三章

为自己“心灵牧场”添加养分

岁月赋予我们的不只是晴空朗日，还有艰涩泥泞，谁都无法左右未来，可现时是属于你的。市声喧哗，物欲横流，想不受半点尘世污染是不可能的，但一定不要忘了给心灵找一个汲取营养的地方，因为心灵更需要养分。

取长补短，在差距中不断充盈自己

在这个世界上，差异是我们每一个人存在的理由。一个人的优势是个人魅力之所在，我们应当珍惜、保护和发展自己的优势，并为它骄傲，用以弥补自己的劣势，使自己成为自信、自强、独立的人。

很多时候，人总是在努力发掘自身的缺点和不足，以求找到与别人的差距，从而对症下药，奋起直追，达到赶超的目的。但往往事与愿违，其结果不仅使自己陷于深深的苦恼和自卑之中，甚至还误入疲于奔命的歧途。

造成这种结局的很大原因，就是人们老盯着自己的弱项不放，而忽视了自己的优势；更不懂得如何扬长避短，发挥自己的优势。

迈克·约翰逊是美国一名杰出的田径运动员，他曾经多次获得冠军，名震世界。但是有些人可能观察到，他的跑步姿势和其他运动员不太一样，总是像企鹅似的不停摇摆，看上去非常笨拙。也正因为如此，在最初的时候，教练们并没有重视他，其他人也讥笑他是跑道上的“另类”，很难获得好成绩。而令人意想不到的是，约翰逊凭借这独特的姿势，不断地勇创佳绩，打破了由意大利选手门内阿保持了20多年之久的男子200米世界纪录，奠定了他在这个项目上的王者地位。

有一位商人将儿子送进了一所著名的学校去读书，想要儿子接受更好的教育。然而，他的儿子并没有体会到父亲的良苦用心，经常逃课到附近的采石场玩。这样过了一段时间后，他开始喜欢上錾削的叮当声，痴迷于石雕。商人看到这种情况，并没有对他的儿子进行严厉呵斥和阻挠，反而决定将儿子转到在石雕技术方面较为突出的学校。这个决定改变了儿子的一生，也成就了一位卓越不凡的工匠。

每个人的一生，应该是经营自己长处、发挥自身优势的一生。只有客观、清晰地了解自己的特征、特点、特长，使其日臻完善，才能更好地书写自己的人生画卷。而懂得发现和利用自己长处的人，不仅可以增强自己的实力，也会凭借自己的这一优势在与他人竞争的过程中获得有利位置，从而鼓舞自己的士气，增强信心，投入到奋斗中。

我们知道，一个人的优势并不是很容易就被挖掘出来的，就像深埋在地底的热能，只有在积累到一定程度的时候，才有可能爆发，发挥其应有的价值。当一个人的优势得以显现的时候，就像是火山爆发一样，不可阻挡。然而，并不是所有的火山都总是那么活跃的，特别是死火山，通常会被人忽视。同样，一个人的优势显现出来的时候，可以创造出无法想象的奇迹，但大部分人通常是很难发掘自己的潜能的，因此也无法利用自己的这种优势创造出更大的价值。

身为一个平常人，我们能有什么优势呢？相信不少人在平凡的生活中都这么想过。其实，我们更需要仔细地关注自己，只有这样，才能发现自己，肯定自己。

有这样一位老师，她接手了一个特殊的班级，之所以说它特殊，是因为这个班级的学生全部是后进生。学生们都觉得自己像是被父母抛弃的孩子，情绪非常低落。为了让学生们重拾自信，这位老师带着学生们进行了一个游戏：她在一个玻璃瓶里面装了48张纸，每张纸上都写有一个学生的名字。她每抽出一张，就让被抽中的同学自信地说出自己的优点。第一个被抽到的学生是A，他是班上一个极为普通的学生，学习成绩不突出，也并不属于顽皮的那一类。他思考了半天说，他的优点是孝敬父母。这位老师又再次鼓励他，让他仔细想想自己身上的其他优点。这个学生怎么也想不出来了，他开始沉默。这时，老师又问其他同学是否发现了他的优点。同学们都很积极地回答，说出了很多优点，比如他体育不错，在一次校运动会上，跳远还取得了很好的成绩；尽管他学习一般，但他很诚实，从没抄过作业；他还十分讲义气，在同学遇到困难的时候，总会用心地去帮助别人……此时，这个同学十分惊讶，他没有想到自己竟然会有这么多的优点。接着，老师又让他抽出一张纸，被抽到的同学是B，B想了一会儿，说自己的优点是乐观、胆子大，然后就摇摇头说没有了。老师又问其他学生，有的说他读的书多，知道的多；有的说他做事谨慎，有责任心等。接下来是第三个同学，在同学的帮助下，也都没想到自己竟然还有那么多的优点。然后是第四个同学……就这样，班上的同学都看到了自己在同学眼里的优点，而这些优点竟然都被自己忽视了！游戏结束后，同学们的自信心大涨，都认为自己其实是很优秀的！

确实如此，发现自己的优点并不简单。因为自己的眼睛、思维甚至是评判自己的标准，都被大量主观的、情感的因素所影响，因此人们对自己的评价就不会那么全面、客观和准确了。有时人们在评价自己的时候会有“只缘身在此山中”的感觉。发现自己还需要很大的勇气，给自己以信心，才能正确地评价自己，发现自己的长处，肯定自己的能力。

忽略自己的优点就是忽视自己的优势，就是减少成功的机会。而如果你能经营自己的长处，掌控自身优势，就会为你的生命增值；反之，则会使你的人生贬值。“条条道路通罗马”“此门不开开别门”。世界上的工作千万种，对人的素质要求各不相同，干不了这个可以干那个，总可以找到自己的发展天地的。

宋代诗人卢美坡有诗云：“梅须逊雪三分白，雪却输梅一段香。”只要你善于发掘自己的能力、发挥自己的优势、经营自己的长处，你就会因为这点改变受益匪浅：自信得到增加，实力得到增强，自己的发展就会顺畅许多，而成功也就成为水到渠成的事了。

阅读，是心灵的养分

阅读，是心灵的养分，充实着我们的生活，教育着我们，警醒着我们；阅读，是心灵的一面镜子，让我们时刻看见自己的不足，并改正它。阅读是一个快乐的过程，我们在阅读时可以找到生命的快乐。

如今，每个人手里都有几本自己喜爱的书，有的是自然科学、百科知识方面的，有的是一本本故事书，如童话、寓言、神话、成语等，还有的是大作家写的名著，儿童文学著作等。虽然我们拥有很多书，但是有很多人不爱读书，不会读书，在老师和父母的逼迫和监督下盲目地读书，因而读了也白读，没有什么收获。那我们到底该怎样读书才能让书本上的知识真正变成自己的呢？

1. 要处理好读书的数量与质量问题

读书要有个数量要求，因为一个人的成长需要涉猎广泛的知识。同时，身处于信息时代，图书出版的门类、内容越来越多，出书的速度也越来越快，因此多读是十分重要的。常人说博览群书方能成才，指的就是这个意思。当然，读书不能一味追求数量，囫囵吞枣、浮光掠影的方法是不可取的。读书要讲究质量，特别对那些质量高、知识含量大、值得品味的书要认真读，进而加以理解和领会，有的内容恐怕还应背诵。

2. 不同的书有不同的阅读方法

主要是看这些图书与我们的学习兴趣爱好和今后发展的关系是否密

切。如关系较远的书，可以大致浏览即可，以此了解全书的大概内容。这种读书方法称为粗读；另一种称为深读，就是在掌握内容大意的基础上，对重点内容作深入的了解；还有一种是精读，在理解重点内容之后，把各部分内容融会贯通，形成整体的认识，并把该记的都记住，该体会的都体会出来，还可以进行联想、质疑，写出心得体会。这样，你读书的收获就会大得多。

3. “薄厚互返”的读书方法

“薄厚互返”是分两个阶段进行的。

第一阶段是由薄到厚。这句话的意思是，读书的时候一定要心静如水，深入到书里，要彻底搞清楚每一个概念。比如一条定理，什么是已知条件，哪个是结论，在证明中是否包含着另外的概念和结论等，这些都要弄明白。假如见到了其他的概念和结论，应该把这些都弄明白。不明白的就问，一查到底，不搞清楚决不收兵。这样一来，本来很薄的书，看到最后，内容就会增加很多，最后就会变得很厚。这就是由薄到厚的过程。

第二阶段是由厚到薄。从薄到厚的过程，只是读书的第一步。另外还有更重要的一步，那就是再从厚到薄。阅读的过程中，不只是将某些个别的概念、某些定理弄清楚就行了，还要对其进行探究归纳，掌握最本质的方面，做到融会贯通。经过自己的深入分析，就能体悟到真正要记住的东西并不多，这时候本来很厚的书就变得特别薄了。例如，读了高中之后，再回过头去想想以前学过的小学算术、初中代数，尽管就这几本书，但是通过总结归纳，不就变薄了吗？肯定是的。这就是由厚到薄的过程。

运用“薄厚互返”法读书时，“从厚到薄”的阶段必须依赖于前一个“由薄到厚”的阶段，这是不能逾越的，但第二阶段却可以弥补第一阶段的不足。

从薄到厚、由厚到薄这两个地方并不是没有关系的，而是相互联系的。只有通过由薄到厚这一步，才能进行到由厚到薄的过程。相反，假如只做到前者，而不能做到后者，那么你只能陷入到书读越多就越麻烦的困境中，就会陷入浩瀚的书堆之中而茫然无头绪，这样也不会把书读得精通。

由薄到厚，由厚到薄，这样不断地“薄厚互返”着读书，速度是不是太慢了一点？不错，这么读开头也许要慢一点，但如果经过一段时间的训练，当真练就一套由薄到厚再由厚到薄的硬功夫，那么看同类书时，在认真攻读一本之后，再读其余的几本，就会发现，这部分原来自己已经十分明白了，那部分实际和第一本书上读到的完全一样，其中真正新的、需要学的东西就剩下那么一点点了。这么去读，不就快得多了吗？所以，用这种“薄厚互返”法读书，乃是先慢后快，慢中藏快，往往可以收到事半功倍之效。

阅读是一个快乐的过程，它能让我们成长，能让我们更加了解世界；总之，它给了我们太多太多。阅读，是快乐的，它滋润我们的心灵，提供心灵所需要的营养。

知识的力量足以改变一个人的命运

英国哲学家培根坚信，以掌握自然界发展规律为内容的人的知识本身就是一种巨大的力量，他提出：“人的知识和人的力量相结合为一”“达到人的力量的道路和达到人的知识的道路是紧挨着的，而且几乎是一样的”，培根的这一观点被后人表达为著名的口号：“知识就是力量。”

不管时代怎样向前发展，知识始终是推动时代前进的力量。因此，世界上任何国家都十分重视知识的力量。所以，“国家进步，教育先行”才会得到人们的认可。对于个人来说，要想在短时间里有所进步，学习知识是最好的办法，将它转化为学习力是最快捷的途径。

没有知识的人很难在社会上立足，这是因为他们无法做到与社会的发展同步，所以无论在什么时候，学习都是我们生存的重要课题。当你学到了让自己生存的本领，你就可以很好地发挥自己的才能，为自己赢得生活的资本。

现实生活中有许多人都是靠吸收知识一步步地成功的。

李云龙如今是一家实力雄厚的皮革制造公司的总经理，但是，如果告诉你他其实是一个只有初中文化水平的人，也许你会想，他究竟是如何坐到今天的位置上的呢？原来，李云龙初中毕业后迫于生计就到了一家皮革厂打工。上班第一天，他就被种类繁多的皮革弄得发晕，在家乡只见过牛皮、羊皮的他似乎第一次明白世界上还有这么多种类的皮革。因为公司转型不久，大家都没有什么经验，工友们说，皮革发僵、变硬、破损等问题经常出现，影响工期，还经常要返工，怎么办呢？晚上回去躺在床上，他辗转反侧，最后想到了书。

第二天一下班，他就奔到书店买了一本《皮革加工1000问》，书的价格是40元，相当于李云龙一周的生活费。晚上，他惊喜地发现，几乎所有的问题在书里都有详细的分析、说明。他索性不睡觉了，爬起来，找了一块木板，开始做试验，就这样一直忙到天亮。于是，第二天上班，两眼通红的他解决着一个又一个的难题，而且讲出一套套的理论，同事们看着显得有些亢奋的他惊奇不已。第8天，他被任命为厂里的技术骨干。

一旦钻研起来，李云龙发现即使就皮革来讲，知识也非常庞杂，需要继续学习。相关的书很贵，他就每天去书店蹭书看，每天都看到书店关门。有时候会捧着书在厂里看到很晚，反复地看书、试验。后来他又自学了电脑。机遇总是给有准备的人，学完电脑没多久，公司要调一个人到写字楼工作，有一个前提就是会电脑操作，李云龙顺利入选。新的挑战随后开始，李云龙被任命为客户代表。一个多月的时间里，李云龙没有签到一个客户。在承受着巨大压力的同时，他相信知识可以救自己，他总结后认为，一是因为自己和人打交道有问题，见到女客户甚至脸红，表达能力不好；二是因为自己知识面窄，与接受过高等教育的客户们缺乏共同语言，而且不能掌握高学历人群的心理和需求。

于是，他补习社交礼仪、演讲口才、顾客心理、营销策略等方面的知识，一个月之后他见客户不再紧张了，知识给了他自信。在之后的6个月里，他签下了450万元的订单，名列公司第一位。

因为在每个岗位都能胜任，李云龙逐渐受到重用，先后担任技术监理、销售部经理、客服中心总监等职务，他又开始读《现代人力资源管理》之类的管理类书籍，同时开始为总监的公司员工编写培训教材。

作为高级技术人才调入公司领导层的李云龙目前仍然是初中学历，他笑称自己是写字楼里学历最低的人。不过他的下属却都很佩服他，他们说，李总相当专业，也很健谈。8年的时间，他改变了自己的人生，凭借的是对知识的不断渴求。

学习任何知识都有助于你能力的增长。尤其是在现在的社会环境中，学到有用的知识对于你而言有助于你与社会保持统一的步伐，并不断超越时代发展的要求，成为时代的宠儿。

让学习成为一种习惯，内心才更为满足

我国古人就认识到，知识是广博的，人们的学习永无止境，一辈子都要坚持不懈地学习。所谓活到老，学到老，只要我们在世一天就要学习。

当今，科学技术飞速发展。据美国国家研究委员会调查，半数的劳工技能在1~5年内就会变得一无所用。特别是在软件界，毕业10年后所学还能派上用场的不足1/4。我们只有以更大的热情，如饥似渴地学习、学习、再学习，才能使自己丰富起来，才能不断地提高自己的整体素质，以便更好地投入到工作和事业中。

许多人认为"学习是很辛苦的"，曾荣获"联合国和平奖"的日本著名社会活动家和国际创价学会会长池田大作却提出了享受"学习的喜悦"的观点。池田大作指出，人能否体会到"阅读的喜悦"，其人生的深度、广度，会有天壤之别。

终生学习在过去似乎更是一种人生的修养，而在今日，它成了人生存

的基本手段。特别是近年来，新技术、新产品和新服务项目层出不穷，就业能力的要求随着技术进步的加速也在不断变化着，标准的提高，使得技术发展的要求与人们实际工作能力之间出现了差距。由此产生了一种相当普遍的社会现象：一方面失业在增加，另一方面又有许多工作岗位找不到合适的就业者；一方面争抢人才的大战异常激烈，另一方面又有大批在岗者被迫离开岗位。伴随着知识经济的来临，企业对劳动力不再只是数量需求，更重要的是对其质量有了新的标准和需求。强化知识更新，树立“终身受教育”的观念已成为时代的呼唤。

学习是贯穿一个人一生的活动，从幼年、少年、青年、中年直至老年，学习将伴随人的一生并影响人的发展。古人说：“书山有路勤为径，学海无涯苦作舟。”没有止境地学习，是每一个有进取心的人所必需的。人要想不断地进步，就得活到老、学到老。

现代高科技，让知识更新的速度日益加快，人们要想不被时代甩在后面，就要适应它，并跟上它，而做到这些就要不停地学习，必须努力做到活到老、学到老，要有终身学习的态度。世间有“知足者常乐”一说，但一切事物都有其存在的环境，知足常乐的道理也是如此。在物质生活上，知足者常乐，而在学习上，总是知足就会裹足不前。

只有不断学习，才能适应未来社会的快速变化，才能避免被社会所淘汰。所以，我们每个人都应该树立终身学习的全新理念，并做到在学习中工作，在工作中学习，把学习当成一种习惯，只有这样我们的内心才能得到满足，才能更为充实。

为大自然在心灵深处安个家

大自然拥有广袤的苍穹，大自然倾泻着嶙峋的洒脱，大自然飘洒着婀娜的风姿……聆听大自然，是一种悠然的享受；品味大自然，是几分宁静的熏陶。在大自然中，落叶心底，心灵便得以净化，似水般的澄清。

大自然以它的美丽和奥妙吸引着人们，它是人们天然的乐园和知识宫。人们可以从那里得到无穷的乐趣，获取丰富的知识。我们不要忘记自然这个广阔的课堂，到大自然中去培养自己的观察能力，汲取成才的营养，才能更茁壮地成长。大自然蕴含着丰富的知识，等待人们去探求、去获取。面对太阳的东升西落、月亮的阴晴圆缺、风雨雷电、冰雹雪花、飞禽走兽、花草树木、高山河川等自然现象和自然景物，去那里走走看看，去发现里面的知识和神奇，还可以验证自己所学过的知识。大自然也是一座巨大的披着面纱的知识宫殿，它所储藏的知识涉及天文学、动物学、植物学、矿物学、物理学、地质学、化学等科学领域，又同历史、地理、文学、美学、音乐等有着直接的联系，因此，又完全可以把大自然称作一部百科全书。大自然也是世界上最好的老师，它以种种新奇的现象启发着人们思考问题，吸引着人们探求知识。在大自然的启发下，人们不断追求新知识，对大自然的认识也越来越深刻，知识面越来越扩展，智力也会得到提高。

今天，我们这些生活在网络时代的人们，获得知识的途径被无限地延伸，但是，我们是社会的人、是自然的人，需要在自然界中品味生活的另一种味道，这样我们的生活才不会单调。

学过马克思主义哲学的人都知道“量变”和“质变”的规律，如果每天多做一点，就是这一点，当这一点积累到一定的量，就会引起质变，便会提高你的能力和水平，潜移默化中便会让你领略到“润物细无声”“于无声处听惊雷”的震撼。

背上行囊，让心灵投入大自然中去吧，让灵魂变得五彩斑斓……让自己采撷的每朵花儿都绽放于灵魂的深处，争奇斗艳，吐露芬芳；让自己走过的每寸草地，都生长于灵魂的深处，天也苍苍，雾也茫茫；让自己踏过的每一条小溪，都流淌于灵魂的深处，奔腾不息，浩荡无边。

打开渴望无边的心锁，消除心灵与自然的隔阂，去聆听大自然最原始的声音，最亲切的召唤，让大自然走进心灵，去洗涤一番原始的净土吧！

心灵驿站

学习动机检测

对下列题目作出“√”或“×”的回答。

①如果别人不督促我，我极少主动地学习。

②当我读书时，需要很长时间才能提起精神来。

③我一读书就觉得疲劳与厌烦，只想睡觉。

④除了别人推荐的书目外，我不想多看书。

⑤如果有不懂的地方，我根本不想弄懂它。

⑥我经常学些无关重要的东西。

⑦我迫切希望自己在短时间内就大幅度地提高自己的学习效率。

⑧我常为短时间内成绩没能提高而烦恼不已。

⑨为了及时完成某项工作，我会参考大量的资料。

⑩我经常参加一些培训活动。

⑪我觉得读书没有意思，想旅游。

⑫我常认为书本上的基础知识没啥好学的，不如学些技能。

⑬我经常买书，但很少看。

⑭我花在课外读物上的时间比花在电视上的时间要多得多。

⑮我很少在周六日看书。

⑯我给自己定下的学习目标，多数因做不到而不得不放弃。

⑰我几乎毫不费力就能实现自己的学习目标。

⑱我总是同时为实现几个学习目标而忙得焦头烂额。

⑲为了完成每天的学习任务，我已经感到力不从心了。

⑳为了实现一个大目标，我不再给自己制定循序渐进的小目标。

上述20个题目可以分为4组，分别测查学生在学习欲望上4个方面的困扰程度。

① 1～5 题测查学习动机是否太弱。

② 6～10 题测查学习动机是否太强。

③ 11～15 题测查学习兴趣是否存在困扰。

④ 16～20 题测查学习目标是否存在困扰。

假如被试者对某组（每组 5 题）中的大多数题目持认同的态度，则说明其在相应的学习欲望上存在一些不够正确的认识，或存在一定程度的困扰。

从总体上讲，假设选“√”计 1 分，选“×”计 0 分，将各题得分相加。

0～5 分：说明学习动机上有少许问题，必要时可调整。

6～13 分：说明学习动机上有一定问题和困扰，可调整。

14～20 分：说明学习动机上有严重问题和困扰，需调整。

第二辑

活出全新自己的心灵修行课

第四章 心灵召唤：带着自己去飞翔

每一个现实的成就都首先来自于可实行的梦想，而心灵就是一个铸造梦想的地方。每一个人都有属于自己的，独一无二的梦想。这个梦想往往都是美好的，我们在心灵中为这个我们自己的梦想添加“传奇”的色彩，使梦想的羽翼更加丰满。

追随心灵，把理想当作成功第一站

著名科学家爱因斯坦曾经说过：“每个人都有理想，这个理想决定着他的努力与判断的方向。从这个意义上来讲，我从来不把安逸与快乐当作生活目的的本身——这种伦理基础，我称它为猪栏的理想。”如果人生就像是在海上航行，那么理想便是舵手的指南针，让一个人可以在暴风雨中掌握正确的行进方向。理想能够塑造一个人的信念，拥有属于自己的目标，为你指引方向，指引你走向成功的彼岸。所以，一定要记住，理想才是迈向成功的第一步。

一个美国的黑人女孩，因为肤色的关系，不管去哪儿都会受到白人的排斥，受尽了白人的冷眼和嘲笑。她不可以在白人的餐馆里用餐；购买衣服时甚至被白人拒绝试穿；在学校里，没有一个白人同学愿意和她交朋友，就连白人老师也看不起她，更不要说像关心白人学生那般关心她，这些都让她感到莫大的羞辱。

自尊心要强的她发誓有一天要在白人面前找回黑人的尊严，因为她明白黑人并不比白人差。拥有这个目标与信念后，她用超乎常人的辛苦和努力发奋学习，暗自在心底里和白人作斗争，让自己的知识与才干不断地增长。一般的美国白人仅仅会讲英语，她则除了母语外还精通俄语、法语、西班牙语。26 岁时，她已经被聘为斯坦福大学最年轻的教授，随后又任职斯坦福大学历史上最年轻的教务长，而和她同龄的美国白人可能连研究生都还没有念完。最终，她实现了自己的梦想，走进白宫，变成全球第一强权美国的首位黑人女国务卿，权力之大，受信任之深，丝毫不比任何一位知名男性国务卿差。她便是世界闻名的赖斯。

赖斯 10 岁时便萌发了得到平等对待的想法。一次，父母带着她来到首都华盛顿游览。然而因为肤色，他们只能站到宾州大道的白宫栅栏外，没有进入参观的资格。三人看着那座举世闻名的建筑物，驻足良久。最后，赖斯非常平静地对爸爸说："爸爸，总有那么一天，我肯定会正大光明地进去的。"从那时开始，她便有了为之奋斗一生的目标。25 年后，她成功地走进去了，担任老布什总统的首席前苏联事务顾问，每天在白宫工作长达 14 小时，经历了德国统一、冷战结束等至关重要的历史事件。之后，她还担任小布什担任总统时期的国家安全顾问。

有付出，才有回报。赖斯不但获得了平等，还赢得了白人对她的充分尊重，成为白人眼中的偶像！但这一切的一切都应该追溯到最初的梦想。如果当初她并未树立那个伟大的理想，没有为理想付出那么多辛苦和具体的行动，可能她永远都只能属于黑人窑里不知名的一员。

赖斯的成功来源于她的远大理想，是理想在她的心中种下了成功的种子，经过浇灌，理想开始萌芽生长，最终长成浓密的绿荫，而她的名字也将永远镌刻在历史的丰碑上。可以说，是理想引领她步入成功的殿堂！

做人要有远大的理想。这是人生的真谛，也是走向成功的第一步。因为只有树立了崇高的理想，远大的抱负，你才有可能成就伟大的事业。古今中外名人的成功事例，无不说明了这一点。理想是催人进步的动力机，源源不断地供给人奋斗的力量。可以说，理想一旦确定了，你就成功了一半，这就好像要远航的帆船有了宽大结实的风帆，不管途中风再大浪再高，只要坚持心中不灭的信念，它总会带领你驶向成功的彼岸！有翅膀的鸟儿不一定能飞，但没有翅膀的鸟儿就注定以地为归宿。理想为成功展开了一双翅膀，让我们可以展翅高飞，尽情翱翔，寻找属于自己的那片蓝天!

美好的理想是人们对未来的一种美好憧憬，对明天的一种良好愿望，是未来前途中支持你的动力。理想不同于幻想，理想一般都基于一定的事实依据，它催人奋进，给人以动力。只要经过奋斗，就有可能实现；而幻想则是一种“不着边界的胡思乱想”，它使人脱离生活，脱离实际，浪费时间，自然于事无益。

“野心”是实现梦想的动力

“野心”具有强大的推动力，人类如果拥有“野心”，就有力量攫取更多的资源。

“野心”可以成就的事业，是我们行动的原动力。如果没有“野心”，即使心系成功的人也会流于平庸。其实，“野心”就是雄心，就是目标，就是方向。

黑人领袖马丁·路德·金曾说过这样一句名言：“世界上的每一件事都是那些揣着野心的人们做成的。”工作中如果我们的野心越大，欲望也就越强烈，谋取目标就越可能。正如弓拉得越满，箭就飞得越远一样。

美国有名的汽车大王亨利·福特，在12岁那年，随着父亲驾着马车到城里，偶然间见到一部以蒸汽机做动力的车子，他觉得十分新奇，并在心中想：既然可以用蒸汽做动力，那么汽油应该也可以，我要试试！

在当时看来，这是个遥不可及的“野心”，但是从那时候起，他便为自己立下了十年内完成以汽油做动力车子的誓愿。

福特的“野心”越来越大，他告诉父亲：“我不想留在农场里当一辈子农民，我要当发明家。”

离开家乡后，福特到了工业大城市底特律，当了一名最基本的机械学徒，逐渐对机械有了更深的认识，他一直没有忘记他的“野心”，每天劳累地从工厂下班后，仍孜孜不倦地从事他的研发工作。

在他29岁那年，他终于成功了。在试车大会上，有记者提问：“你成功的秘诀是什么？”

福特想了一下回答说：“因为我有‘野心’，所以才成功。”

同样，美国人约翰·富勒也是这样一位具有“野心”的人，富勒家中有7个兄弟姐妹，他从5岁开始工作，9岁时会赶骡子。他有位了不起的母亲，她经常和儿子谈到自己的梦想：“穷，但不能怨天尤人，那是因为你爸爸从未有过改变贫穷的欲望，家中每一个人都胸无大志。”

母亲的话根植于富勒之心，他一心想跻身富人之列，开始努力追求财富，12年以后，富勒接手了一家被拍卖的公司，并且还陆续收购了7家公司。

当他谈及成功的秘诀，还是用多年前母亲的话回答：“我们很穷，但不能怨天尤人，那是因为爸爸从未有过改变贫穷的欲望，家中每一个人都胸无大志。”

富勒在多次受邀请演讲中说道：“虽然我不能成为富人的后代，但我可以成为富人的祖先。”

暂时没有成功、没有地位与财富，无关紧要，只要你有“野心”，有把“野心”转化成实践的智慧和毅力，你的成功就指日可待。

成功与失败之间有时差距很小，一次动摇也许就能彻底改变你的人生，而“野心”恰恰是所有成功因素中最重要的一个。你只要拥有了足够大的“野心”，就一定能够取得更大的成功。

冒险的精神，自由的心灵

在生活中，有相当一部分人存在着胆小的心理，他们在做事的时候追求“稳定压倒一切”。这种心态有其合理之处，但是，过分的胆小谨慎却是不可取的。过分的谨慎就会变成胆小，这样就会不利于事业的成功。

我们从小就接受着求稳的教育，无论是父母还是老师，都会在我们耳边一遍遍地灌输着“做事要三思而后行”“不可轻举妄动”“没有把握的事不能去做”等观念。随着时间的推移，这种精神和做事方式就成为了我们思维和生活中的一部分。因此，我们在做事的时候，就显得犹豫不决、畏首畏尾、举棋不定，从而错失了机会，走向了失败。

其实，世界上不存在任何十全十美的事情，如果我们过于谨慎，就会只看到失去的风险性，而忽略了风险背后的收获。那么，我们也就永远和胜利无缘了。

在一个懦弱者的眼里，做什么事情都是存在风险的，他们一心追求稳定，不敢冒风险去寻找自己想要的东西。在一个勇士看来，他们总能为着目标前进，不会被一些风险所吓倒。

在生活中，我们经常羡慕一些成功者取得的成就，认为他们是幸运的。其实，他们的幸运不是上天的眷顾，而是缘于他们敢于冒险的精神。一个敢于冒险的人，能够产生出巨大的勇气，在勇气的支配之下，他们就会付出行动。最终，他们也会因为做出了常人不敢做的行为，而取得常人不能取得的成就。

在这个世界上，从来没有万无一失的事情。变化着的世界带有很大的随机性，很多的要素我们事先难以全部掌握，如果我们一再强调谨慎行事的话，就难以迈开脚步追求成功。只有敢于冒险，才能够在追求成功的道路上畅通无阻。所以，要想在波涛汹涌的商海中自由遨游，非得有冒险的勇气不可。廉·丹佛说："冒险意味着充分地生活。一旦你明白它将带给你多么大的幸福和快乐，你就会愿意开始这次旅行。"一个人敢于冒险，就能抓住机会；若不敢冒险，事业和人生就只能停滞不前。因此，我们应该摒弃过于谨慎的做事态度，在平常的生活中培养冒险的精神；只有具有了冒险的精神，才能够抓住成功的机会，最终取得辉煌的胜利。

有一种游戏，参加者必须出 1 美元，结果是有 99.9% 的概率你会损失掉；出 100 美元，有 0.1% 的概率你可以获得 95000 元。那么，你会不会参加这种游戏呢？经过调查，75% 以上的人会选择出 100 美元玩这种高风险的游戏。理由很简单，这个游戏风险固然很高，但就算输了，顶多损失 100 美元；若赢了，就可得到 95000 美元的高报酬。但是长期玩下去，你必输无疑。如果参加这样的游戏，那么，你所做的就不是冒险而是赌博了。

冒险不是赌博。那些只看到利益和收获却不把风险放在心上的人，并不是能够成大事者，只不过是一群赌徒罢了。他们把诱惑当成结果，将陷阱看成机会，必将难逃失败的噩运。

在生活中，有许多人因为积累了一点工作经验，就以为掌握了这一行业的运作流程，于是，他们就轻率地作出决定，选择离开公司，另起炉灶，开创自己的事业。要知道，一个人想创业是好事，但是，在没有做好全面准备的情况下就轻易地去涉足某一个领域，这就和赌博是一个性质，成功的机会是很小的。

有一个美术学院毕业的学生，在毕业之后进入一家杂志社做了美术编辑。他的工作不过是画画插图、设计版面和封皮等。工作了一段时间之后，他对这些工作已经得心应手，轻车熟路了，因此，受到了同事和领导们的好评。在别人的夸奖声中，他变得飘飘然起来，认为自己已经学会了所有的设计工艺，具有了创业的资本。他就想，与其在这里累死累活替别人创造利润，还不如自己创业挣大钱实在。于是，他就从杂志社辞职，借钱开了一家设计工作室。开业一个月之后，他承接了一笔几十万元的装潢业务。他带着十几个人夜以继日地干起来。结果，三个星期过去了，他不仅没有赚到一分钱，反而赔进去了三万多元。

装潢业务有着很高的利润，但是这个年轻人为什么赔本了呢？原因很简单。同样的一笔生意，同样的条件，内行的人做会赚钱，而一个外行人做就一定会赔钱。这个年轻人，虽然懂得一些设计知识，但是对做装潢生意却是外行。他不懂得什么叫作成本计算，不懂得原材料的价格，不懂得工人工资和工作室利润的分配，只是因为看到了巨大的利润就冒冒失失地干起来，盲目地和别人签下了合同，赔本也就在所难免了。

我们应该清楚冒险和赌博的区别。机会来临的时候，我们要及时地抓住。但并不是说在没有分析和思考的情况下，就急急忙忙地去做，说不定摆在你面前的不是机会而是陷阱。如果你还没有进行理性的分析和思考，最好不要付出行动。如果你禁不住诱惑的话，最终结果只会让你输得更惨。

冒险的精神是必需的，但是绝对不能冲动，更不能只看到利益而忽视风险的存在性。如果被利润冲昏了头脑，那么你所做的一切都必将是不理智的。如果你能禁得住诱惑，能够理性地对待，那么，就能让自己减少一些风险和失败。

当我们准备冒险的时候，不能仅凭满腔热血就一头冲进去，而是要从全局考虑一下，作出理智的选择。只有这样，我们所冒的风险才会有价值，我们才有可能获得成功。

行动，将梦想照进现实

理想固然美好，可是它和现实的距离不仅遥远而且无法用长度来衡量。所以，每一个想要把自己的想法变成现实的人，都要勇于踏上行动的桥梁，否则隔岸而看，理想永远看得见，摸不着，只有行动着的人的理想才是近在眼前的。

> 在加州海岸的一个城市里，所有适合建筑的土地基本上都已被开发出来并予以了利用，就剩下一些陡峭的小山和一些地势低洼的湿地，这些湿地常常因为积水而被淹没，可以说它们很不适合盖房子。可是当美国地产大亨唐纳德建议他的同行利用这些土地开发新的建筑物时，同行为此犹豫了很久最后还是没有采纳他的意见。尽管当时唐纳德对那位同行说："不要想得太多，当你投入到行动中，事情就会变得简单。"但同行还是犹豫不决。唐纳德笑着对他说："既然如此，就让我做给你看看。"
>
> 其实，他们两人想到的办法都是将小山炸平，然后用多余的土将湿地垫平。但是，同行担心这样做成本太大，有可能亏本。而唐纳德却想：不做怎么会知道结果呢！于是，当他真的把小山与湿地变成了平地后，同行惊呆了，这块地的地价也因此在一夜之间暴涨几十倍，唐纳德因此赚了8亿美元。同行悔恨得要命，但为时已晚。

从唐纳德的故事中或许很多人都已经明白了，成功其实并不难，而且成功的方法很多人也都知道。有些人之所以没能成功，最主要的原因是他们对成功的理解仅仅停留在想的方面，而不是去付诸行动，不是想好了就去做，所以没有行动的支撑。

而要"行动"或许很多人就开始发愁了，行动远没有想象得那么惬意。想的时候，只要思考一下过去、现在和未来自己想要什么样的变化就行了，相反，做对任何人来说都不那么简单。

做，不仅可能会遇到阻碍，还会让人感到身心疲惫。而且做的过程还可能与想的有所差别，因而导致有了行动，但没能做到理想的效果。聪明的人类在开始做之前就想到了这些，于是，有人在开始做之前，就选择了观望，选择了再想一想，而就在人们想了又想的过程中，可能很多年都已经过去了。人的一生又有多少年呢？光想而不去做，想的结果也只能是多年以后依然两手空空。

那些至今都没能实现过自己多少梦想的人，在一个梦想形成之后，他们为梦想做了什么？他们真的为此付诸过行动吗？真的为此努力过吗？仅仅在内心挣扎、思考、纠结是没有任何意义的，还可能会让自己陷入矛盾无法自拔，所以，只有行动了才可能实现理想、改变现实，才能一步步靠近成功，否则无论你想得多好都没有任何意义。

行动是支魔术棒，所有理想只有在行动的撞击下才能变成现实。所以如果你渴望成功，渴望将理想变成现实，那么就请行动起来吧，只有行动起来，理想才能在行动中逐步变成现实。

坚守心灵， 提升梦想的高度

很多有目标、有理想的人，辛勤工作，努力奋斗，用心思考，祈祷自己可以早日成功，但由于困难太多，眼前似乎总是有难以逾越的鸿沟，这使他们越来越倦怠，最后半途而废。其实，失败是一种难得的经历，艰难困苦和人世沧桑是最为严厉而又最为崇高的老师。在我们遭受挫折、陷入逆境的时候，别忘记对自己说：永远不放弃。

肯德基在世界各地都有连锁店，那个穿着白色西服的老上校总是笑眯眯地在店里看着每一位顾客，可是你知道他是怎么成功的吗？他在成功之前尝试了多少次呢？

1890年9月9日，在美国印第安纳州亨利维尔附近的一个农庄里，有一个小男孩出生了，他就是哈兰·山德士。当他出生时，家庭虽然说不上富有，但日子总算过得去，谁知道“天有不测风云，人有旦夕祸福”，在他6岁的时候，父亲去世了，留下他们3个孩子和母亲相依为命。

为了能生存下去，母亲整天去食品厂打工赚钱，晚上给人家缝衣服，这些工作几乎把所有的时间都占用了，所以根本没有时间照顾孩子。而山德士是大哥哥，于是他扛起了照顾妹妹和为母亲分忧的重任。母亲不在家的时候，小山德士就学着做饭给妹妹吃，一年之后，基本的菜他都会做了，并且得到了乡里人的表扬。

在12岁那年，母亲再嫁，因为山德士和继父的关系不好，所以读完小学之后就退学了。当时在家里，山德士感觉非常的压抑，于是决定出去闯闯。他先到格林伍德，在一家农场里做工，虽然工作非常辛苦，但最基本的生活问题能解决，更重要的是心里不苦闷。后来又换了很多工作，如做过粉刷工、消防员，卖过保险，还当过一阵子兵，后来他还得过一个函授法学学位，使他在堪萨斯州小石城当上了一段时间的治安官。可谓是经历丰富。

后来，山德士还在肯塔基州开过加油站，可是因为第二次世界大战爆发，战争期间实行汽油配给，他的加油站不得不关门大吉。

他还经营过饭店，但是一条新建的高速公路从饭店旁边通过，饭店也不得不关门大吉。

最后，当他不得不变卖资产以偿还债务的时候，连银行存款都用光了，他变得一文不名。

这时的山德士已经66岁了，他收到了生平第一份救济金——105美元。这激怒了他，他反问自己：难道自己已经落魄到只能依靠救济金生存的地步了吗?

山德士冥思苦想，该怎么做，才能摆脱困境，他拥有的最大价值的东西就是炸鸡了，这是一笔巨大的无形资产。

就这样，山德士上校开始了自己的第二次创业，他带着一只压力锅，一个50磅的佐料桶，开着他的老福特上路了。

身穿白色西装，打着黑色蝴蝶结，一身南方绅士打扮的白发上校停在每一家饭店的门口，从肯塔基州到俄亥俄州，兜售炸鸡秘方，要求给老板和店员表演炸鸡。如果他们觉得炸鸡口味不错，就卖给他们特许权，提供佐料，并教他们炸制方法。但是这不是一次性买断，而是要从营业额中提成的。

最初，没有人相信这个老头的话。很多饭店的老板都觉得这个怪老头非常不靠谱，于是一再拒绝他，结果仅仅是宣传工作，山德士就做了两年，但在他的坚持下，最终他还是被接受了。他相信很快就会有更多的人接受他的想法。结果真的正如他所愿。

就这样，在66岁创业开始，山德士上校经历了1009次失败，但是他坚持下来了，并且建立了令世人震惊的肯德基连锁事业。现在作为世界最大的炸鸡快餐连锁企业，肯德基在世界各地拥有超过18000多家的餐厅，这些餐厅遍及八十多个国家，从中国的长城直到巴黎繁华的闹市区，从风景如画的索菲亚市中心到阳光明媚的波多黎各。世界上每天有一千多万顾客在这些肯德基餐厅品尝着由山德士上校近半世纪前开创的炸鸡。

可以说，人们或许不知道美国地理上的肯德基州，但却知道肯德基炸鸡的名字。山德士上校用一只鸡，为人们的饮食世界添上了丰富多彩的一笔。

1009次失败后才到来的成功，这是多么令人震惊的坚忍啊！

我们能像山德士上校那样，经历上千次的失败仍然不屈不挠吗？恐怕能坚持几十次的就已经是人中精英了。而在面临这一切的时候，山德士上校已经是一位年过花甲的老人了。年轻的我们有他这样的坚忍吗？

事实上，大多时候我们真的不必像山德士上校那样要经历上千次的失败，我们遇到的障碍或许并没有我们想象得那么严重，为了你的人生，再坚持一次就好。只要多坚持一次，哪怕就一次，或许你就可以重新来过。

成功的诀窍似乎有许多种版本，自信也好、聪明也好、机遇也好，说到底，成功只是因为他们紧紧抓住梦想一刻也不松懈，正是坚持和执着，造就了一个接一个人生的巅峰。

不要屈服于命运的安排

任何人都不能以“命中注定”为借口屈服于命运的安排，屈服命运的人不过是行尸走肉，并没有任何价值可言。有一句古话叫作“三分天注定，七分靠打拼”，告诉我们，命运最终掌握在自己的手中，不能随随便便就向命运屈服、低头。人生的历程多会经历曲折和惊险，我们应该一心一意地努力去拼搏和冒险，而不应该甘心屈服于命运的摆布和安排。

人生这幅画卷上的任意一笔都是你自己涂抹上去的，并不是命运擅自给你加上去的，一个人的一生都紧紧攥在自己的手中，你想结出什么样的果实，全靠你自己努力。很多人相信命运，认为一些事情在冥冥之中自有天注定，是命运的安排，你再努力也是无济于事。但是，我们都读过或者看过一些名人的励志故事，这些故事则证明了“没有命中注定，只有事出有因”。当遇到困难和挫折的时候，不要把责任都推给命运，并因此任由命运的安排。这个时候，我们不应该相信命运，更应该相信自己，应该努力想办法解决问题，所谓“种瓜得瓜，种豆得豆”。应该相信：只要自己努力，一切都会变得不同。

很多时候，你确实已经很努力了，但是依旧没有得到自己想要的结果，这个时候，你或许会迷茫、彷徨，甚至选择放弃，你会在心中告诉自己：不要太勉强自己，还是认命吧，或许这样自己可以活得轻松一点儿！但是，生活就是包含了酸、甜、苦、辣等各种味道，你应该明白，每个人都有属于自己的一片天地，只要你有寄托和希望，你就不能甘心屈服命运，不能服输，而应该在失望、沮丧之后继续努力；只有这样，你才能释放自己内心的压抑和迷茫，才能得到真正的快乐。

生活中与命运抗争的实例很多，你的身边或许就有不少这样的例子。我们为什么不能借鉴和学习一下呢？我们绝对不能一味地服从命运的安排，命运的安排只是偶然，并不是必然，我们是可以改变它的。一个人的人生本来就是由自己的不断努力得以完善的，任何人的成功都是依靠自己的努力取得的，没有谁的成功是命运安排的，“王侯将相，宁有种乎?”这句豪言壮语让多少热血青年为了自己的前程而努力拼搏。当今社会，人与人之间的地位更加平等，任何人都有机会成为国家的栋梁之材。所以，有志向的我们，更应该敢于挑战命运的安排、坚持自己的理想和信念，为自己，也为他人做出更多的贡献、奉献更多的力量!

冯祺是一位普通的农村妇女，初中没毕业就辍学了，19 岁就嫁给了邻村一位憨厚的农民，23 岁的时候已经是两个孩子的母亲。25 岁的时候，丈夫外出打工不幸死于工伤事故。安葬完自己的丈夫，家里已经一贫如洗。看着 4 岁的女儿和 2 岁的儿子，想到以后的生活，冯祺绝望了，她没有想到命运对自己这么不公。

但是，如果自己一蹶不振的话，自己的两个孩子就得饿死。一想到自己的孩子，冯祺就决定：不能就这样等死，应该跟命运斗到底，她相信只要自己肯吃苦，自己和孩子就不会饿死。她离开农村，来到镇上打工，由于文化程度不高，又有两个孩子，许多地方并不愿意用她。最终，在她的苦苦哀求之下，一家饭店留下了她，管吃管住，但是由于她有两个孩子，工资只是其他人的一半。尽管如此，冯祺还是对老板十分感激。

就这样，一干就是 5 年，自己的孩子已经在镇上的小学上学了，日子渐渐好起来了，冯祺心里很高兴，但是命运又跟这个不幸的女人开了一个玩笑。她在接儿子放学的路上出了车祸，失去了一只手臂!饭店的工作是不能做了，一家三口又流落街头了。

冯祺好不容易租到一间便宜的房子，为了减少房租，她答应房东负责整栋楼的清洁工作，为了孩子的学费和生活费，她找到了送报纸和牛奶的工作，每天 4 点钟出门取牛奶和报纸，7 点回到家里给孩子做饭，孩子上学之后，她就去打扫楼道的卫生。10 点半时在菜市场帮别人卖菜换取一家人午饭的材料，下午依旧是送报纸和牛奶……就是这样的生活，不管刮风下雨，她从未停止过，有很多次，她断臂的关节处疼得犹如针扎，但她始终没有向命运妥协，一直坚持着。

15 年之后，女儿已经大学毕业，成为市区一家重点高中的老师，儿子也即将毕业。谁都不敢相信，就是这样一个女人，用一只手，靠送报纸和牛奶为国家培养了两个大学生！如今，冯祺依旧住在当年租住的一间简陋的房间里；报纸和牛奶已经送不了了，但她依然给房东打扫着楼道卫生，也为市场的菜贩卖菜。她一直相信，只要自己肯吃苦，就不会被饿死。即使命运再不公平，自己还是能够改变命运的。

“命运”这个词，听起来好像让人捉摸不透，也让人没有办法真正理解它，我们总认为，在人生的道路上，一直都是命运在指引我们前进，但是命运给我们安排的道路一定就是正确且适合我们的吗？这条道路我们就一定会喜欢吗？并不一定。我们都应该听过“奇迹”一词，既然会有奇迹发生，那么我们为什么还要屈服于命运的安排呢？所以，命运本身并没有什么意义，只是我们赋予了它太多的含义，人生真正的主人应该是我们自己。

命运，需要自己去努力、奋斗，你的人生结果是好还是坏，都是你自己的选择，如果是好的，那只能说明你努力过了；如果不好，就要问问自己，是不是曾经半途而废，是不是曾经放弃了……任何一个屈服于命运的人只能拥有一个悲惨的人生！

敢于折腾，不满足现状

折腾的人生似乎一直不被人们看好，可是你知道吗？真正有出息的人就是天生的不安分，就是善于折腾的人。折腾是一种生活态度，是勇于打破现状束缚的大胆创新。敢于折腾的人才有活力，才更有上进心。

“平静的水面练不出勇敢的水手，安逸的环境造不出时代的伟人。”人生的意义在于折腾，全力以赴实现我们心中的梦。

生活要善于发现，敢于创新，勇于折腾，只要你有坚持不懈的精神，有超凡的自信，最后一定能够走向成功。朋友们一定要记住：人不能碌碌无为，应该以无比的热情去追求、去开拓、去折腾。

折腾就是志存高远、历经磨炼，折腾就是打破常规、独辟蹊径，折腾就是坚持不懈、突破败局。

李勇和潘石屹在深圳的南头边关相识，走深圳、闯海南，一起挑过红砖，一起抬过预制板，同吃过一份盒饭，同喝过一瓶矿泉水，成了一对共患难的“苦友”。然而，如今的李勇仍然辗转各地打工，而潘石屹却成了拥有300亿元的SOHO中国有限公司董事长兼联席总裁。他们的命运、人生道路为什么会有如此大的落差呢？他们的故事，能给我们什么启迪呢？李勇是四川省绵阳市涪城区杨家镇人，高中文化。21岁的他来到广州打工，在深圳南头边关检查站结识了潘石屹。

1987年11月，他们应聘为某贸易公司的业务员。公司主要销售电话机，底薪200元，再按业绩提成。

他俩随后打开了局面，月收入涨到了500多元，潘石屹还因为点子多，被提拔为业务经理。可李勇哪能料到，潘石屹不安心、不满足。有一天，潘石屹兴奋地对他说：“老弟，报纸上说海南建省了，成了我国最大的经济特区，我们一起闯海南吧！”李勇大吃一惊，皱着眉头说：“潘哥，留在这里吧！去海南人生地不熟的，每月能挣五六百元钱吗？”潘石屹却说：“你放心吧，海南刚刚建省，机会多的是。我们去，一定不会错！”在潘石屹的劝说下，1988年5月底，两人各自带着1000多元的积蓄闯到了海口。

在海南的两个月的时间里，他俩仍没找到好机会。身上的钱快花光了，于是二人到一家砖厂工作。

砖厂建在山上，不通电，只能点煤油灯照明，挖土、和泥、脱砖坯和垒砖墙全靠人力，一天下来，不但满身满脸是泥，而且全身酸痛。李勇很后悔，说：“潘哥，在深圳时安稳轻松，挣的钱也多。现在倒好，这活既脏又累，而且挣不了几个钱……”潘石屹还是乐观地说：“老弟，闯天下哪有一帆风顺的呢？我以前根本没做过什么苦力活，都没埋怨，你还埋怨什么呀？休息吧！”虽然潘石屹一直硬扛着，但他毕竟身体单薄。李勇看到他实在吃不消，便劝他少干点，自己等一会儿帮他干。没想到潘石屹说：“我们这样干下去，的确不是办法。明天我去和老板谈谈。”李勇不解地问：“我们刚来这里，能谈什么？”潘石屹笑了，说：“现在不告诉你，你明天跟着我去就知道了！”

第二天，潘石屹就叫上李勇一起找到了王老板，他一条一条地给老板提建议：把水引到砖厂，提高工作效率；雨季搭建雨篷烧砖……最后，他说：“老板，我不会一辈子都在这里卖苦力，如果你信任我，就让我帮你来管理这个砖厂，第一个月暂时付200元钱的工资，保证比现在的效益好得多！一个月后，我让你心甘情愿地付我500元一个月！如果你不信任我，那就算我没说！”王老板听了，说：“我想想，明天再给你们答复吧！”

第二天，王老板叫潘石屹和李勇一起去吃饭，说有事情商量。饭桌上，王老板表示潘石屹说得有道理，答应让他做砖厂的厂长。就这样，潘石屹刚到砖厂20多天，摇身一变成了厂长。李勇佩服地说：“潘哥，你真有胆识，一来就想当厂长，还当成了。”

一年后，潘石屹的月工资已涨到了1000多元，而李勇也被他提拔为管理20多人的组长，每月也有300多元收入。李勇终于松了口气：只要不再折腾，每月能挣几百元，多好啊！

1989年10月，王老板把经营重点转到了房地产上，准备转让砖厂。潘石屹得知后，对李勇说：“老弟，我们把砖厂承包下来，干不干？”李勇一听，连忙摇头，害怕地说：“潘哥，我们刚过上几天安稳日子，你又要折腾啊！到时如果倒欠一身债，如何是好？”潘石屹劝道：“你怎么老是缩手缩脚？我们来海南不是寻找机会的吗？承包砖厂就是不错的机会！你不干，我也要干！”李勇不好意思再拒绝了，说：“我不投入钱，只帮你做事。到时赚得多，你就多给我点工资；

亏了，算我白干。”潘石屹点头答应了。两人马上找到老板，通过一番谈判，以每月8000元承包了砖厂。承包后，潘石屹把砖厂经营得更加红火，第一个月交了承包款后，还净赚了1万多元，给了李勇1000元工资。很快，砖厂得到了发展，员工从最初的100多人增加到了400多人，每月都赢利两三万元，李勇的收入也涨到了两三千元——这在当时可是老板级的待遇啊！李勇乐得像做梦一样。

1990年年初，海南经过两年迅猛的大兴土木后，房地产市场跌入了低谷，红砖根本卖不出去，而砖厂每个月的开支却要数万元。到了5月底，两人所有的积蓄都花光了，可砖厂的销路仍没转机。又坚持了一个多月后，潘石屹只得低价处理了所有的砖瓦，勉强付清了员工的工资。这次打击，让李勇变得很消沉。他坐在地上，开始打起了退堂鼓。

1990年8月25日，两人在破败的砖厂握了握手，互道珍重后便分道扬镳了。

与潘石屹分别后，李勇又去海口的一家建筑工地上干活儿，每月200多元。1993年5月，在建筑工地打工的李勇，在大街上碰到了潘石屹。潘石屹一见到他，便热情地请他到附近一家饭店吃饭。席间，潘石屹告诉李勇，自己和几个合伙人已经贷款500万元，以2000元1平方米的价格买了8栋别墅，准备高价转手卖掉赚钱。李勇一听，顿时说：“潘哥，500万元哪！万一亏了，一辈子就完了……”潘石屹却笑道：“老弟，你不必为我担心。我即使失败，也是轰轰烈烈地失败……”

果然，潘石屹此后发生了翻天覆地的变化。1993年8月，山西老板韩九吉上门购买别墅，潘石屹开价4000元/平方米，韩九吉嫌房价太高，犹豫了。可再有人上门洽谈时，潘石屹居然开价4100元/平方米……韩九吉坐不住了，以每平方米4000元的价格买了3栋。不久，潘石屹又以每平方米6100元的价格卖了两栋……年底，他来到北京发展，成立了万通公司，生意越做越大。而李勇在海南打了两年工，回到老家结婚生子后，仍然四处打工，养家糊口……一晃十几年过去了，两人的差距竟然有了天壤之别！

潘石屹的成功，与他“能折腾”息息相关。因为，只有敢于折腾，永远不满足现状，才能赢得机会，才能不断占据更高的人生新起点，获得新的成功！这样的人生虽然充满了动荡与坎坷，但正应了“无限风光在险峰”这句诗，经过磨砺的人生才能大放异彩啊！李勇和潘石屹的人生之所以产生这么大的落差，其原因难道不在于此吗？

心灵驿站

你有冒险素质吗

冒险就是离开人们走惯的路，尝试一种新的、未知的可能性。冒险，属于开拓者的生活。

你拥有多少“强者的素质”呢？请在下面的测试题中寻找答案。将你选好的答案代号填入括号中。

1. 列车以每小时100千米的速度奔驰，你敢站在车门口的踏板上吗？（　）

A. 敢　　B. 不敢　　C. 不一定

2. 早春时节，河里的水还十分寒冷刺骨，你敢成为所有人中第一个下水游泳的人吗？（　）

A. 敢　　B. 不敢　　C. 很难说，看情况

3. 从未受过训练，你敢驾驶帆船吗？（　）

A. 我不行　　B. 也许能行　　C. 不一定

4. 你知道船超载是会倾覆的，现在你急着过江，你敢跳上那艘渡船吗？（　）

A. 不　　B. 敢　　C. 不一定

5. 你去探望在生物实验室工作的一位校友，他说工作台上那条蛇的毒液分泌腺已被摘除，你敢用手去捉它吗？（　）

A. 敢　　B. 不敢　　C. 难说

6. 跳伞运动员帮你背上降落伞，告诉你，当你落到距地面400米的高度，伞必会自动张开，绝对安全。你还没有过跳伞的经历，你敢从飞行高

度约2000米的飞机上往下跳吗？（　）

A. 绝无此胆量　　B. 不能确定　　C. 可以试一试

7. 一名歹徒朝你扔来一枚拉掉保险栓的手榴弹，它正不停地冒出白烟，10秒内就会爆炸。你若动作快，6秒内可投回歹徒身边。你敢拾起来抛出去吗？（　）

A. 敢　　　B. 不敢　　　C. 说不定

得分表

题　号	A	B	C
1	1分	5分	3分
2	1分	5分	3分
3	5分	1分	3分
4	5分	1分	3分
5	5分	1分	3分
6	5分	3分	1分
7	1分	5分	3分

总分：7~13分为A型；14~22分为B型；23~35分为C型。

心灵解析如下。

A型：敢于冒险

你的气魄和胆识在关键时刻会给周围的人无比的安慰，你因此很受人们的尊重和信赖。

B型：敢冒小险

在一些小事或能掌握的事情上，你能够拿出一点魄力；但真正从你前途乃至安全来考虑时，你就不会勇敢地去冒险。

C型：回避风险

你事事喜欢按部就班，不做常规以外的任何事。因此，你非常不适合从事投资性的工作。

第五章

调味心灵：将快乐清泉注入心中

我们总觉得生活中的快乐太少，其实是因为我们计较得太多。只要我们用心去体会，就会发现自己拥有大把的幸福和快乐，它们就隐藏在普通的生活中。如果你拥有一双发现的眼睛，减少对生活中各种事物的苛求，很容易能够发现快乐就在身边。

乐观是心空的太阳，心灵的曙光

所谓乐观，就是对可能产生的结果做一种最好的期望。从心理学的角度来说，乐观是一种寻找、回忆及期待快乐感受的趋向。那么快乐又意味着什么呢？快乐是来自自己一个人的“园子”，而不是把眼睛盯向别人的“园子”。换言之，一个人的快乐取决于如何对待周围的事情，而不是周围事情的本身，也可以这样说，一个人的快乐主要取决于自己，而不是他人。

认识客观事物的能力是人有效发挥其功能的基本要素，也是保持健康的先决条件。

乐观主义者有很多特征，其中最为常见的是他们总能看到事情好的一面，并且会真诚地希望事情能以自己所期待的方式进行。这一期待能让一个乐观主义者为事情的最好结果或是为改善事情进程做出自己最大的努力。其次，乐观主义者还会把发生在自己身上的事看成是可以控制的。当一些不好的事情发生在乐观主义者身上时，他们会觉得自己不应该被这些所压倒与制伏。因此，乐观主义者绝不是那种无视或者轻视事实而盲目乐观的人。有一位美国科普作家曾把乐观主义者形象化地概括为："在你的精神生活里有两位律师，一位负责收集'生活是可怕与令人恐怖'的证据；另一位则负责收集'生活是非常美好'的证据。而你就是法院中的法官，你有权提取任何一方的证据，并且你的决心起着决定性的作用。当你在审理案子的时候，就会意识到，取哪方证据会得到更多的快乐、平和与舒适。"

乐观主义还是一种免疫促进剂，根据心理神经免疫学的观点，乐观是正面的精神状态，能促进大脑的精神控制中枢，使脑干系统产生如神经肽这样的一些化学物质。而很多免疫细胞对这些化学物质又相当敏感，从而就会达到增强人体免疫功能的功能。科学家还发现，悲观者对癌细胞的免疫功能明显偏低。

乐观可以通过促进人体内部机制的变化加速，帮助病人战胜疾病，恢复健康。因此，乐观对治病的正面影响要比预防疾病更加明显。美国波士顿总医院的一个研究小组对患有顽疣症的病人进行催眠，并告诉他们，自己已处在催眠状态，身体也正在恢复之中。奇迹出现了，所有病人的顽疣消失了。

在治疗严重的疾病时，乐观同样发挥着意想不到的作用。在美国一项涉及 649 个肿瘤专家与 10 多万个接受治疗的癌症患者的全国性调查中，约有 90% 以上的肿瘤专家认为，在治疗有效果的心理社会因素中，最明显的因素是病人对治病抱有希望，并保持乐观的态度。另外，还有几项相关研究也都证实了这种观点。

在生活中，对未来乐观的人一般比较长寿。而那些相信自己健康状况不好的人，就算他们的健康状况良好，其早死的危险性也同样会增加。相反，那些相信自己健康状况良好的人，就算实际检验结果显示他们的健康状况较差，其早死的危险性也会减少。

乐观是维持生命的一个强有力因素，也是决定一个人是否健康的一个主要因素。现在，越来越多的医生会向人们表达这样一种观点——对任何一种正面精神因素来说，乐观更可能创造出健康与治病的奇迹。

乐观是心空的太阳，心灵的曙光，照耀心田的绿洲。点燃乐观的灯，人生路上就会拥有无限的快乐，即使是痛苦也会被乐观催化成快乐。

悲观快乐，只因角度不同

现代社会生活节奏越来越快，在生活和工作的双重压力下，很多人都会有喘不过气来的感觉。实际上，这只是生活的一个方面，大多数人都忘了生活还有快乐的一面。快乐无处不在，无时不在。所以，不妨偶尔放下工作，和同事、和朋友、和家人聊聊天，说些轻松的话题，让自己放松一下，和大家一起开怀大笑享受生活，何乐而不为呢？

有一对孪生姐妹，姐姐的口头禅是："糟透了！"而妹妹则常惊喜地喊："好极了！"

一天，妈妈带她们去玫瑰园看玫瑰，姐姐看后很伤心地告诉妈妈："这个地方不好，因为这里每朵花的下边都有刺。"

而妹妹却很开心地说："这个地方很好，因为这里每根刺的上边都有花！"

还有一次，妈妈带她们去赶集，结果去晚了，镇上的集市已经散了。

姐姐说："糟透了！我们怎么这么倒霉，真是气人！"她一连几天都闷闷不乐。

而妹妹却说："太好了！我可以到别处玩玩，或许还有更好玩的呢！"她跑到附近的小树林，看蚂蚁搬家，采野花、采蘑菇，玩得开心极了。

长大后，她们都嫁了人，姐姐总觉得自己的丈夫这也不好那也不好，处处不满意，后来只好离婚，住到了娘家。妹妹则觉得自己的丈夫又温柔又体贴，小两口的日子过得红红火火，有滋有味。

从山上看树，树很小；从地上看树，树就很高。由此可见，快乐与否都是由自己决定的。其实，快乐无时无刻不在我们身边，只是我们缺少发现快乐的眼睛。这双眼睛就是我们对待生活的态度，乐观的人总是感觉生活是那么美好，悲观的人却总是看到不开心的事。

同样的一件事情，心态不同，感受也会不同。当杯子里只剩下半杯水时，有的人会想真是太幸运了，还有半杯水；而有的人则会想真是太糟糕了，只剩下半杯水了。同样的一件事，不会因为你的感受而改变，我们能改变的只有自己的心态。

每个人的人生都是被上帝咬过一口的苹果，如果上帝在你的苹果上咬了很大一口，也不要抱怨命运的不公平，因为你的苹果太芳香诱人了，所以上帝才咬了一大口。因此，不要总是怨天尤人，要善于发现生活的美，高兴的经历或是悲惨的遭遇都是生活的调味品。

雪莱说："除了变，一切都不会长久。"但在现实生活中，很多人宁可在痛苦中沉沦，也不希望在挣扎中改变。这会在痛苦中越陷越深。其实，快乐就是一种角度，一种心态。不妨转念一想，改变一下：如果昨天是美好的，就让回忆永驻；如果昨天是酸涩的，就去憧憬未来；如果昨天是平淡的，就怀着一份珍惜；如果昨天是一掬欢笑，就把笑声珍藏；如果昨天是一滴眼泪，就把泪水抹去；如果昨天是一道伤痕，就把它抚平。

一念天堂，一念地狱，只要挑好了对待生活的角度，快乐便无处不在。下雨，你会因为雨水的清爽而快乐；不下雨，你会因为阳光的明媚而快乐；没有阳光，你会因为天气的凉爽而快乐。换一个角度，换一种心态，生活处处充满快乐，快乐工作，快乐生活，快乐就在你身边。

春有百花秋有月，夏有凉风冬有雪；若无闲事挂心头，便是人间好时节。很多事由反面看可能是苦，由正面看可能是乐。生活中并不缺少令我们感到愉悦、高兴的事，只是我们没有发现罢了。

王子有王子的忧愁，百姓有百姓的快乐；富人有富人的顾忌，穷人有穷人的随意。快乐，不仅在于你从哪个角度去欣赏它，更在于你从哪个角度去善待它。

那么，怎样才能心念一转感到快乐呢?

1. 你可以一文不名，但你不可以拒绝快乐

“清风明月不用一钱买”，大自然中就有许多快乐等你带着欣赏的眼光去发现。空阶沥雨，你能体会到雨的清新而不是阶的寂寞；行云牧鸟，你能体会到云的惬意而不是鸟的无奈；泉水叮咚，你能听懂泉的欢畅而不是山的离愁；蝴蝶翩飞，你能感到花的羞涩而不是蝶的匆忙。大自然馈赠的这一切，足以让你陶醉而忘忧。

2. 快乐取决于你的心态

“高官不如高薪，高薪不如高寿，高寿不如高兴。”人过得快乐与否，不在于官位高低，金钱多少，而在于你对待事情的心态，如果用积极乐观的心态看待问题，你就会收获快乐、幸福；如果用消极悲观的心态看待问题，你就会遭遇失望、痛苦。因此，以乐观、积极的心态对待生活，那你便处处能感到满足和欣慰。

3. 比上不足，比下有余

俗话说：“人比人得死，货比货得扔。”跟很多成功的人比，你马上会发现差距是如此之大：工作不理想，婚姻不顺利，孩子不争气，生活不如意。你会越想越气，不妨“比上不足，比下有余”，你就会发现，原来自己还是比较幸运的。

活在当下就会快乐

佛讲“活在当下”。何为“当下”？顾名思义，当下就是现在，即现在的人、事物和心境。“活在当下”就是不要为过去或将来发生的事情过多浪费精力，而是全心全意地关注眼前人、身边事，以及那些让我们心里感动的瞬间。

“活在当下”是一种平平淡淡的生活状态。若是你能活在当下，即使沉浸在“过去”的环境中，也不会对“未来”给予太多情感，你就能集中所有的能量，感受生命现实中的美好，这的确是一件很美的事，但是，说起来容易做起来难。

有一位年轻人看破了红尘，整天什么也不做，就知躺在树底下睡大觉。有位智者问他：“年轻人，如此美好的时光，你怎么不去赚钱呢?”年轻人答道：“没意思，赚了钱之后还会花完的。”智者又问：“你怎么不结婚呢?”年轻人说：“没劲，相处不好以后还得离婚。”智者继续说：“那你怎么也不交朋友呢?”年轻人说：“也没意思，交了朋友弄不好以后会反目成仇的。”听完他的话，智者递给他一根绳子说：“那你干脆上吊吧，反正以后也会死，还不如现在死了算了。”年轻人说：“我不想死。”智者于是说：“生命是一个过程，而非结果。”年轻人幡然醒悟。

智者话里所包含的人生道理与佛家常常劝世人要“活在当下”的含义大同小异。即全心全意、认认真真地去接纳、品味、投入与体验眼前的这一切。

从前，有位小和尚负责每日打扫寺院。一大早冒着严寒或者炎炎烈日扫落叶的确不是件好差事，每当起风的时候，树叶总会随风四处飞舞。每天早上，小和尚都需要花费很多时间才能够将落叶清扫完，这让他头痛不已，他总想找一个好办法让自己轻松一点。

后来有个和尚告诉他：“明天打扫时你就猛烈摇晃树，把落叶摇完，日后就可以不用扫地了。”小和尚一听，认为这个方法不错，于是第二天他起得特别早，起来后用力地摇树，他心想：这样就能把今天的以及明天的落叶一次打扫干净了。这一整天小和尚都很开心。可是第二天早上，小和尚到院子里一看，不禁傻眼了：院子里跟往常一样满是落叶。老和尚走了过来，意味深长地对小和尚说：“傻孩子，不管你今天如何用力，明天还是会有落叶飘下来的。”

此时，小和尚醒悟了：世界上的许多事情是不能一劳永逸的，只有认真地接受并面对现实，才是最真实的人生态度。

或许你可能会说："这有何难呢？我不是一直都活着并且与它们为伍吗?"话虽不错，可问题是，你是不是总是活在匆忙中，不管是吃饭、走路、睡觉还是娱乐，你总是没有什么耐性，急着去追赶下一个目标呢？如果是这样，那就说明你总觉得还有更加伟大的事业正等待着你去完成，你认为不能将多余的时间浪费在"眼前"这些事情上。

在生活中，大多数人都无法投身于"眼前"。他们总是左顾右盼，言今顾昨，考虑着明天甚至是下半辈子的事情。有的人说："我明年要赚更多的钱。"有的人说："我将来要换一个更大的房子。"有的人说："我打算找一份更好的工作。"等到后来，钱真的多了，房子也换成了大的，工作也很好了，但是，他们并没有因此而变得更快乐，反而还觉得不满足："唉！我应当再多赚一点儿，找份更好的工作，想办法过得更舒适！"

以上种种，都是没有"活在当下"的表现。他们即便得到了一切，也不会感觉到快乐；不但现在不快乐，将来永远也不会得到快乐。真正的满足不是在"将来"，而是在"此刻"。毕竟，昨天已经成为历史，明天还是个未知数，唯有"现在"才是老天赐给我们最好的礼物，所以我们要把握住今天，活在当下。

对生活微笑，做乐观的自己

人的一生中是无法避免困难和挫折的。在困难和挫折面前，有的人成功了，原因就是他们能够勇敢地接受挑战，找到解决问题的办法。而有的人失败了，是因为他们没有勇气面对困难、接受挑战，只是自怨自艾，最终自食恶果。"发明大王"爱迪生曾经也告诫周围的人在面对厄运的时候一定要保持乐观的态度。

请看下面这个故事。

有家公司有一位陈经理，同事都很钦佩他，钦佩他活得比谁都潇洒，好像对他来说没有什么事是难事，也没有什么事可以影响他的好心情。

50 岁的人，精神抖擞，活力四射，丝毫不像是知天命之人，很多同事经常向他请教保养青春的秘诀，他说只有一句话“没有秘诀，别难为自己就是最好的保养”。

其实，谁都渴望得到快乐的心境，一个满怀快乐的人是幸福的。既然我们都喜欢快乐，就应该让自己快乐起来。怎样让自己快乐起来呢？要想获得快乐，就要有一种快乐的心态。有了快乐的心态，快乐就不会去往别处，它只能留在我们身边。

快乐恰似光明的“使者”，只有我们眼睛里永远悬挂着光明的使者，才能长久觉察光明的存在，外界本来就有美丽和快乐，它本身就是如此动人、如此绚丽多姿。所以，你自己必须要对它敏感，永远不要让自己感觉迟钝、嗅觉不灵，永远不要让自己失去那份应有的热情。

“快乐就是这样，它往往在你为着一个既定的目标忙得忘乎所以的时候突然到来。”苏格拉底如是说。一群年轻人到处寻找快乐，却遇到许多烦恼，于是他们向苏格拉底请教：“快乐到底在哪里？”苏格拉底说：“你们还是先帮我造一条船吧！”这群年轻人开始不太理解，但他们想既然是来请教的，苏格拉底的话又不好不听，或许造好了船就会得到苏格拉底正面的回答。就这样，他们暂时搁置了寻找快乐的事情，找来造船工具，用了八八六十四天，造出了一条独木船。船下水的那一天，他们把苏格拉底请上船，一边合力摇桨，一边高声唱歌。这时，苏格拉底问他们：“孩子们，你们快乐吗？”年轻人齐声回答：“快乐极了！”

这则关于苏格拉底的小故事给我们许多启发。首先，快乐本身就在我们周围。它就存在于我们的工作和生活之中；其次，快乐是自己寻找和发现的，别人的赐予是对我们付出的回报。原来快乐时时刻刻都伴随着我们，只是我们不曾注意罢了。

童年时能吃到一块雪糕就是快乐；上学时能获得好的成绩就是快乐；工作时能做完一件事就是快乐；痛苦的时候一个陌生人浅浅的笑容也是一种快乐……快乐就在我们身边，等着我们去发现、去体会、去享受。

无论是在学习、工作，还是在生活中，都会遇到各种各样的困难，也会遭受很多的失败。在同样的挫折面前，每个人的反应是不同的。有的人会出现暴怒、恐慌、悲哀、沮丧、退缩等情绪，严重影响了学习和工作，损害了身心健康，对自身的发展也是非常不利的。而有的人能够通过自己的努力，化阻力为动力，最终找到解决问题的办法，走向成功。

生命对每个人来说是平等的，不要一味地抱怨上天的不公平，路途中时而坎坷艰辛、波澜不惊，时而垂柳轻拂、平淡如水，关键看你如何来把握生活，享受生命。让我们做快乐的自己，保持乐观的心态，用微笑面对生活。

每天对着自己微笑，你会觉得心情开朗，海阔天空。每天对着别人微笑，你会看到阳光灿烂，天高云淡。也让我们面对过去微笑，把所有失意留在昨天，迎接我们的每天依旧是艳阳高照。

放飞心情，每天给自己一个希望

笑也一生，哭也一生。倒不如每天给自己一个希望，每天给自己一份好的心情，坦然豁达、潇洒自然地面对人生带给我们的一切困难与挫折。

有位大夫，医术高明，在他事业达到顶峰时，他发现自己得了癌症——那正是他最了解的一种病，也是他多年致力研究的方向。

和任何人一样，他经历了惊讶、担心、愤怒、不甘心，以及别人没有的愤怒与羞愧。

鉴于自己的丰富经验，他很快就知道自己的生命期限：六个月或者最多一年。

经过深思熟虑，冷静细心地进行分析后，他决定勇敢面对这个残酷的事实。他决定要在有生之年里，好好地、快乐地、认真地体验生命，放下以往担在肩上的许多压力，以一种全新的眼光去看这个世界，用爱心去关怀周围的每一个人、每一件事，以期使自己的生命更充盈、更丰富、更有意义。

抱着这样的想法，他的心态有了微妙的变化，他变得平和、宽容，懂得珍惜，对身边的花草都怀着一份怜爱；对身边的朋友、家人，甚至对陌生人，也都笑颜相对；早上外出运动，他亲切地和别人打招呼问好；在医院看病，他比以前更亲切，更关心病人。

生活中，他开始关心家里的盆栽，每天浇水、修剪枝杈，看那些植物茂盛地成长，带给他莫大的安慰与希望。

他突然发现，生命原来可以这样丰富，而生活竟是以如此小的代价便获得如此多的快乐。日子一天天过去，他怀着感恩的心，期待着每一个全新的希望。

时光匆匆而逝，如今，他已经平安地度过第六个年头。没有人知道他还能活多久，包括他自己，然而，他已经没有任何心理负担，反而生活得更加舒适和快乐。

有人问他是什么神奇的动力在支撑他，这位大夫坚定地说："是希望！我每天给自己一个希望，希望看到一片新叶冒出嫩芽，希望我的病人今天好一点，希望早上运动时见到那些朋友……就是这些希望，促使我每天都觉得自己很重要，必须打起精神来过每一天……"

总之，希望不分大小，快乐不分大小，只要值得我们去坚持、去完成、去实现，都是美好的，而当我们在进行的过程中，必然会体会到其中的快乐，生命便会变得充实而有价值。

给我们的每一天一份生活的希望，一个快乐的理由，一份无法逃避的责任。在希望的指引下，找到快乐的妙招，在快乐的同时给自己一个方向和信心。

坐观世间变幻，笑对人生失败

一个人在他做的所有事情当中，不可能每件事都成功，如学业、婚姻、事业这些人生大事。学业上，不可能人人都金榜题名；婚姻上，不可能人人都终身幸福；事业上，更是磨难重重，不可能人人都功成名就，即使事业成功了，又有哪一位不是历经失败之折磨，饱尝挫折之苦涩？

失败者之所以失败，原因有很多，或者是知识、技能不够；或者是不被人赏识，没有机遇；或者只是一时失算，大意失荆州；或者是自大自负，目空一切；或者是有人捣乱，暗中作梗等。总之，成功或许都是一样，而失败的原因却是各有不同。但是，不管是主观原因还是客观原因，只要失败的结果已经出现，就应接受得了，忍受得住。

真正热爱生活，对人生有积极心态的人，首先要能够“忍败”，即使浑身是伤，也要忍住疼痛，从失败中走出来，而绝不能一败即馁、一蹶不振，甚至做出蠢事。如果你经受住了失败带来的打击，如失落、沮丧、痛不欲生、灰心丧气等，那么，你就是成功的人，你就获得了一次难得的蜕变和成长，这是非常重要的。

能够忍得了失败的人，才有机会“求胜”，才可能“守得云开见月明”，实现自己的理想。

世界著名作家约翰·克里希是英国人，他一生共写了 564 本书，共计 4000 多万字。可有谁会想到就是这样一位富有才华的作家，在成名前却是一个收到出版社退稿信最多的人。他出生于一个普通的工人家庭，从小喜爱文学，仰慕文学家，也希望自己能成为一名文学家。但由于自身条件不好，从 35 岁才开始创作，而且没有人指导，完全靠自己一边写，一边总结经验。他四处投稿，几乎全英国所有的出版社和文学刊物都收到过他的稿子。而他每次得到的都是退稿信，共有 743 封。但他并没有灰心，仍然坚持写作。后来，他的才华终于得到了认可。于是他的书越出越多，最终还享有了世界声誉。

克里希收到了 743 封退稿信，换句话说，就是 743 次失败，743 次打击。可他并没有被失败与打击击垮，当他收到第一封退稿信时，他就把希望放在了第二份稿子上；当他收到第二封退稿信时，他就把希望放在了第三份稿子上……当他收到第 743 封退稿信时，他又把希望放在了第 744 份稿子上，结果他成功了。他是凭着自己的坚定信念和执着追求，最终成就了自己的梦想。

伟大的文学家果戈理曾说："没有失败，就没有成功。"对克里希来说，正是如此。试想，如果他第 10 次或第 100 次或第 743 次时受不了失败，而就此搁笔，那么，克里希就仍然只是一个普通的工人，而绝不会成为一个享有世界声誉的大文学家。

失败不等于绝望，跌跤不等于走投无路。要勇敢地从失败中走出来，重新审视一下自己，看看到底是方向错了，还是方式错了。如果自己确实喜欢，而且也有潜力，那么不妨再多试几次，直到成功；如果自己没有这方面的才能，那不妨找一个与自己能力相应的事做，不必一条道跑到黑，撞死南墙不回头。有时候，"不成功，便成仁"的念头也是需要自己好好衡量的。

在日常生活中，有的人一遇到不顺心的事就摔摔打打、骂骂咧咧、找人出气；有的人则哭天喊地、惹是生非、无理取闹；有的人甚至上吊跳河、寻死觅活。这些人都是生活的弱者，让人反感。

失败是束缚，是枷锁，但它同时也是依据，是尺度，是一只潜力股。只要你经受住了失败给你带来的打击，没有被击垮，就等于迈过了这个坎儿，又成熟了许多。这时再重振旗鼓，重新开始，便是求胜之道了。

1. 一笑而过，从头再来

不管是成功还是失败，都要学会"一笑而过"。当你成功时，"一笑而过"说明了你的谦虚，成功只代表过去，要想取得突破，必须从头再来；当你失败时，"一笑而过"展示了你的胸怀，失败既然已经出现，那就分

析原因，看准时机，从头再来。

2. 认识自我，适应改变

当面临挫折时，要审时度势，自我反省，找出自己的优缺点，从而扬长避短，充分发挥自己的优势。

心灵驿站

找准定位，收获快乐

现在有很多人都流行起英文名字，你的英文名字是什么？其实在那些简单的英文字母中，也隐藏着一些我们的个性秘密。

1	2	3	4	5	6	7	8	9
A	B	C	D	E	F	G	H	I
J	K	L	M	N	O	P	Q	R
S	T	U	V	W	X	Y	Z	

将你的英文名的每一个字母，按对照表所代表的数字，如 ROSE：R—9，O—6，S—1，E—5，然后将所有的数字相加，即 9 +6 +1 +5 =21。若出现两位数的话（11 和 22 除外），便要将两个数字再相加，即 2 +1 =3，那么“3”就是结果。

心理分析：

数字 1：你有十分卓越的领导才能，有创业的能力，付诸行动时很积极，容易成为领导者及开拓者。

数字 2：你有点喜欢白日做梦，有自我封闭的倾向，可是你的服从性非常好，往往可以很好地完成别人交代给你的任务。

数字 3：你非常乐观，常常能够取悦周遭的人，在合作中你能够很好地发挥出才能。

数字 4：你做事情时非常踏实，量力而为，能够予人信心。

数字 5：你是一个心中充满热情的人，喜欢尝试新事物，可是有时候缺乏耐心。

数字6：你的情感细腻，生活上很少与人发生争执，可是有时候有点过于执着。

数字7：你为人处世非常冷静，有很强的洞察力，重视思维上的修养。

数字8：你的目标远大，可凭坚毅去完成任务，容易获得信赖而成为领袖，可是有时候难免会因为自私而得罪人。

数字9：你非常喜欢帮助别人，且喜欢将自己所知的事情告诉别人，是一个非常有爱心的人。

数字10：你是一个很会享受生活的人，有丰富的联想力和上进心。

数字11：你比较看重物质生活，是一个比较实际的人。

数字22：你是个心理年龄比实际年龄成熟的人，做事老练稳重。

第六章

发掘心灵的力量：做最好的自己，为自己而活

信心，就是把有限生命的脆弱性与无限生命的坚毅性糅合在一起，从而产生一种内在的无比巨大的力量。“尧，人也；舜，人也；彼能是，我亦必能是。”有了这种信心，何愁不能改变自己的命运？

相信自己，依靠自己

自信是一种非常重要的心态，是一种自我肯定、自我鼓励、坚信自己一定能成功的素养。没有自信的人，就没有生活的热情和趣味，也就没有探索拼搏的勇气和力量。

著名发明家爱迪生曾说：“自信是成功的第一秘诀。”阿基米德、居里夫人、伽利略、钱学森等历史上广为人知的科学家，之所以能取得成功，首先就是因为他们有远大的志向和非凡的自信心。

一个人要想事业有成、做生活的强者，首先要敢想。连想都不敢想，当然谈不上什么成功了。著名数学家陈景润，语言表达能力差，教书吃力。但他发现自己专长于科研，于是增添了自信心，致力于数学的研究，后来终于成为著名的数学家。

世界著名交响乐指挥家小泽征尔在一次欧洲指挥大赛的决赛中，按照评委会给他的乐谱指挥演奏时，发现有不和谐的地方。他认为是

乐队演奏错了，就停下来重新演奏，但仍不如意。于是，他认为是乐谱错了。这时，在场的作曲家和评委会的权威人士都郑重地说明乐谱没有问题，而是小泽征尔的错觉。面对着一批音乐大师和权威人士，他思考再三，突然大吼一声："不，一定是乐谱错了！"话音刚落，评判台上立刻报以热烈的掌声。

原来，这是评委们精心设计的圈套，以此来检验指挥家们在发现乐谱错误并遭到权威人士"否定"的情况下，能否坚持自己的正确判断。前两位参赛者虽然也发现了问题，但终因趋同权威不自信而遭淘汰。小泽征尔则因自信而在这次指挥家大赛中摘取了桂冠。

"依靠自己、相信自己"，这是独立个性的一种重要成分。是它帮助那些参加奥林匹克运动会的勇士夺得了桂冠。所有的伟大人物，所有那些在世界历史上留下名声的伟人，都因为这个共同的特征而属于同一个家庭。"米歇尔·雷诺茨曾如是说。

与金钱、势力、出身、亲友相比，自信是更有力量的东西，是人们从事任何事业最可靠的资本。自信能排除各种障碍，克服种种困难，能使事业获得完美的成功。自信者往往都承认自己的魅力和相信自己的能力，总是能够大胆、沉着地处理各种棘手的问题，从外表看去，他们都表现得比较开朗、活泼。

俗话说："艺高人胆大。"自信心强的人，做事总是很稳重。自信是一种动力，信心所给予生命的，不只是一种衬托、一种凭借、一种支持，还是永远的坚强和力量。有了自信，就不会在突发事件面前慌张，就不会惧怕挑战，就能稳扎稳打地完成自己的事业。

在心理学中有这样一个著名的实验。

一个教育界的权威人士曾经把一个学习优秀的学生当作学习成绩较差的学生来对待，而将一个成绩不好的学生用对优秀学生的心态来教导。在期末考试的时候，情况发生了变化：本来是两个成绩相差甚远的学生，在考试的平均成绩上竟然相差无几。

通过这个实验，说明了自信心对一个人的影响是多么大。用对待好学生的态度来对待差学生，使这个学生的自信心得到鼓励，因而学习积极性大增；而原来的好学生受到教师怀疑态度的影响，信心受挫，致使学习态度转变，影响了学习成绩。

“只要你真正相信自己并投入工作，就能冲破一切困难获得成功。”著名的推销员齐格勃·梅里尔指导完全日制培训课程后对齐格说：“你有许多能力，你可以成为一个了不起的人，甚至一个全国优胜者。我绝对相信，如果你真正投入工作，真正相信自己，就能冲破一切困难获得成功。”当时，齐格惊呆了，因为梅里尔的话使他找到了自信，使他更加努力地去工作。

齐格说：“一个从小镇中走出来的小人物，希望回到小镇上，一年赚5000美元，我的自我意识仅限于此。现在却突然有一个受我尊敬的人对我说：‘你能成为一个了不起的人。’”

所幸的是，齐格相信了梅里尔先生的话，开始像一个优胜者一样思考、行动，把自己看成优胜者，于是他真的成为了一个优胜者。

“梅里尔先生并未教我太多的推销技艺，但那年年底，我在美国一家拥有70多名推销员的公司中，推销成绩名列第二位。”齐格说：“我从用普通车变成用豪华小汽车，而且有望获得提升。第二年我成为全州报酬最高的经理之一，后来成为全国最年轻的地区主管人。”

齐格遇到梅里尔先生后，并没有获得一系列全新的推销技艺，也没有使他的智商提高，只是梅里尔先生让他知道了自己有获得成功的能力，并给了他目标和发挥自己能力的信心。

心理学家研究发现：自信是人们心中的明灯。正因为如此，成大事者总是能走好明灯照亮的路。因为有了自信，他们就会比别人更早、更容易找到成功的钥匙。自信成了他们改变命运的催化剂。

自信心对一个人一生所起的作用是无法估量的，无论在智力上还是体力上，或是做事的各种能力上，自信心都占据着基石性的支持地位。因此，做人就要充满自信，有了自信才能走向成功，改变命运。

学会为自己鼓掌

生活中处处都有掌声，掌声是一种真挚热情的鼓励。每一次掌声响起，留给自己的都是不一样的感受。

每个人都有自己的长处和优点，都有尚未发掘出来的潜能和特质。如果能够尊重自己，努力发现和发挥你的潜能，每个人都能取得成功。而这种潜能和物质需要来自自我或他人的激励。

一天，国王独自到花园散步，令他十分惊奇的是所有的花草都枯萎了，生机勃勃的花园顿时变得无比荒凉。于是他问曾经不畏严寒、挺拔而充满生命力的松树，到底发生了什么事，松树沮丧地说："看着苹果树，我知道我永远都不能结出像它枝头上又大又红的果实，我很气馁，于是我枯萎了。"国王便转向苹果树，问它为什么枯萎，苹果树也病恹恹地说："看着鲜艳的玫瑰花，闻着它浓浓的香气，我知道，我永远都不会变得那么美丽和芳香，于是我也不想活了。"可苹果树羡慕的玫瑰也正在凋谢，国王问它为什么，它回答："太遗憾了！我没有枫树那么长的寿命，也不能像它那样到秋天的时候还可以变换颜色，活着只能开出那么几朵花，太没意思啦！因此，我还是凋谢了吧。"

国王又去看其他植物。突然，一朵神采飞扬、朝气蓬勃的小花吸引住了他的眼球。国王诧异地问它为什么如此充满生机，小花儿答道："我差点儿也凋零了。我原来也很沮丧，因为我永远都不会有松树的伟岸挺拔，四季常青；也不可能像玫瑰那样漂亮和芳香，更不会像苹果树一样结出累累的硕果。想到这些，我开始绝望，开始想到死亡。但后来我又一想，国王您把我种在这里，而不是一棵枫树，一架葡萄，一棵紫丁香，一丛玫瑰，这说明您需要我，我就是我，独一无二不可复制的我，所以我安心做我自己——一朵不知名的小花。”

不管你是一朵无人知晓的小花，还是人见人爱美丽芬芳的玫瑰，任何时候都不要忘了为自己鼓掌。不要专挑自己的毛病，不要把自己的短处放大，否则就不是真的严于律己，也不是真的爱自己。在人生的漫漫长路上要学会为自己加油。不会欣赏自己的人，又岂会得到命运的青睐？

正如谢林所说：“一个人如果能意识到自己是什么样的人，那么，他很快就会知道自己应该成为什么样的人。但他首先得在思想上相信自己的重要，很快，在现实生活中，他也会觉得自己很重要。”对一个人来说，要想拥有巨大的力量取得更大的成功，相信自己最为重要！为自己鼓掌，给自己加油吧！

走出心灵的自卑

所谓“金无足赤，人无完人”，每个人都有自身的优点和缺点，我们需要正确地认识到这点，而且一个人的生活环境、家庭背景、教育程度等都会决定他有着与众不同的一面。而有的人却总是把自己的目光放在了自己的缺点上面，时时处处感到自己不如别人，甚至一味地否定自己，觉得自己一无是处，然后学会了退缩，学会了逃避，就是不敢冲破牢笼，勇于争取和表现。

其实，你之所以总是觉得“巨人”高不可攀，是因为你是在跪着，如果站起来你就会惊异地发现，自己并不比别人矮多少，甚至会比他们还高，自己身上也有许多闪闪发光的地方。所以，自卑是完全没有必要的。

陈洁现在是留美学生。早在她十几岁的时候，就常常幻想自己有朝一日能够去美国留学。即使参加工作后，她还是孜孜不倦地学习英语，考“托福”。经过几年的努力，现在，她终于如愿以偿，被美国加州大学录取了。当她真正到美国时才发现，那里不是她想象中的乐园。

美国人都很开放、活跃，而且大部分都很有钱，消费习惯也和陈洁的不同。这让陈洁觉得自己是个丑小鸭，和别人格格不入。

在所有的课程中，最令她感到难堪的是体育课，她最讨厌的也是体育课。一天下午排球课，老师示意陈洁将球传给其他队员，以便让其接受扣球训练，本来是一件很简单的事情，但她由于不敢正视对面那个打扮时尚的女同学，而将球砸到了老师的头上。

交际中，陈洁也有朋友，但她却从来没有与他们一起谈天说地，打成一片。在课余时间和假期，她都寂寞难耐。虽然她也想去和别人说说话，尤其是几个中国留学生，但她就是觉得自己很差，最后想想还是算了。

现在她常常想着自己有朝一日能回到祖国的家中，能躲在自己那间干净、舒适的小屋中该多好！

在生活中，我们往往会认为自己缺少某种别人具有的优势。其实，这就是轻度的自卑，但这是正常的，对自身还构不成危害。严重的是，如果低估自己的形象、能力和品质，总是拿弱点跟别人的长处比，觉得自己真的什么都不会，什么都不如别人，轻视自己，这就是具有自卑心理了。

交际对自卑者来说是一件痛苦的事，他们往往不敢与人说话，不敢勇敢地表达自己的想法，或者总是低着头，说话时面红耳赤、磕磕巴巴，不敢正视别人的眼睛等。所以他们总是逃避别人、逃避社会，致使其越来越抬不起头，越来越感觉不如人，越来越自卑。

其实，自卑者最大的愿望就是像别人一样正常生活，学着他人的方式说话、做事，甚至将自己置于他人的人格之下。会去崇拜明星也很正常，但是如果把每个人都当明星崇拜，就是极度的“长他人气势，灭自己威风”。他们批判自己的灵魂，无限扩大别人的优点，常把“我不行”“我不能”挂在嘴边。事实上，每个人的心里都多少会残留一些因失败所产生的自卑。

具有自卑心理的人，总是过多地看到对自己不利和消极的一面，而看不到有利和积极的一面，缺乏客观全面地分析事物的能力和信心。所以，要客观地分析对自己有利和不利的因素，尤其要看到自己的长处和潜力，而不是妄自菲薄，这样才能充满自信地与人交往。

1. 学会微笑

就像一首诗所说的："微笑是疲倦者的休息，沮丧者的白天，悲伤者的阳光，大自然的最佳营养。"不管你觉得与人交往有多么难，都要微笑，对自己，对别人，对你遇见的任何人。你的微笑不仅能提高自己的信心，也能使别人得到感染，对你也会心生好感。

2. 正视别人

眼睛是心灵的窗户，从一个人的眼睛里可以读出他心中所想、所感，读出他的情感。正视别人，不扭捏，不躲闪，大大方方，光明正大，这就是自信的、积极的表现，别人就会以为你是喜欢和看重他的，就愿意与你交往。在交往中，当你的魅力尽情展现时，你的生活不就充满阳光了吗？

3. 经常暗示自己"我能行"

在与人交往或者做某事时，一定不要总是觉得自己低人一等，要经常暗示自己"我能行""我和别人一样出色""我能很好地融入社会"。这就产生了我要努力走进社交生活的信念，增强了与人交往的信心，自然就会逐步消除自卑，直至能大方地与人交往。

在挫折中建立自信

自信是一种能够实现自身愿望的内在动力，是实现自我价值的精神源泉。纳撒尼尔·布兰登对自信是这样解释的：自信，首先是一个经验，那就是发现自己能够面对日常生活中的挑战，也就是相信自己具有思考、学习、选择、决定、适应变化等能力，能够感知自己应有的幸福。

但是，生活中很多人却不自信，他们怀疑自己的智商，觉得自己没有别人聪明；他们怀疑自己的能力，觉得自己再怎么努力也不可能取得成功。他们对一切都感到不满，但是又觉得自己这么差劲，只能是这样的状态。他们因此错过了很多机会，因此而安于现状，不再去抗争和努力，结果他们变成了自己认为不可能成功的那个人。

丹尼尔是一位企业的老总，一直以来他都把比尔·盖茨作为自己的比较对象。为了接近或者超过这位世界首富，他整日忧心忡忡、劳心伤神，把心思全放在了工作上，甚至把家也搬进了公司，最后把自己累进了医院，逐渐变得自卑起来。

一天，他和一位病友闲聊，得知这位病友正在为孩子上大学的几千元的学费发愁，丹尼尔说："只不过是几千元，对我来说简直是小菜一碟，这个忙我来帮。"他帮这位病友支付了孩子的学费，孩子顺利地上了大学。

过后，丹尼尔想：和这位病友相比，我很幸运，我拥有巨额财富，我应该满足，应该自信，何必给自己找个过高的"参照物"呢？很多人就是在比较中失去自信的，也是在比较中获得自信的。我还是一个普通人，应该融入大多数人中间去。

从此以后，他不再和比尔·盖茨较劲，人生退一步海阔天空，自信也是靠自己寻找的。

在人的心灵世界中，接纳自己要比接纳别人困难得多。我们对自身价值的认识总是以别人作为参照，在比较中进行的，通过比较，我们更容易否定的是自己。此外，对他人的期望和需求也很容易模糊自己内心的感受，我们往往看不清自己，否定自己，使自信离我们越来越远。所以，人要接受自己，不要把自己困在比较的关系网之中。只有接纳自己，才能变得自信而幸福。

生活并没有我们想象中的那么糟糕，也没有我们想象中的那么美好。试着分析一下自己害怕生活的因素，是什么导致自己缺乏自信的，我们的内心到底在害怕什么。其实，自信就是一种觉醒，它是由日常生活中的实践而来的。因此，为了找回自信，我们就要把自己融入到实践之中，不断地去感受生活，即使失败了，只不过是从头再来。

只有充分相信自己，才能在生活中重新建立遭受挫折的自信心。相信自己，就要相信自己的价值，只有充满自信，生活才能充满阳光。那么，受挫以后，我们应该怎么重塑自己的自信呢？

1. 接纳自我

建立自信，首先要接纳自我，要相信自己的能力，相信自己的思想、情感，不要逃避现实，更不能自我否定，同时，也要敢于行动，行动是获得自信的最直接方式。

2. 给自己定一个目标

建立自信需要一个过程，先选择一些简单的事情，当自己把这些事情做好的时候，就会有点幸福感，觉得自己也没有自己想象中的那么无能，接着制订一些大的目标，逐步完成。自信就是这样一点点建立起来的。

3. 不要推卸责任

缺乏自信的人往往喜欢推卸责任。把事情做不好的原因都推给他人，这样不但不能建立自信，时间一长，还会养成得过且过的习惯。是自己应该负责的东西，就要自己负责，承担起来，你的自信也就会随之而来。

自我激励的方法

哈佛大学心理学家研究发现，懂得自我激励的人，能够始终保持积极乐观的生活态度，在面临各种异乎寻常的生活磨难时，也能够保持顽强的毅力和毫无退缩的勇气，这种品质在很大程度上促进了他们的成功。相反，一个没有受到任何激励的人，即使拥有无限的潜能，也只能发挥很小的一部分，而一旦有了自我激励的心理暗示，就能促使他们把潜能发挥得淋漓尽致。

自我激励是不需要任何外部因素就能让自己拥有无穷能力的重要方法，它像充气筒一样，不断给自己打气，使自己保持充沛的精力，坚持不懈地朝目标奋进。

布莱恩是一个十分懂得自我激励的人，他一直坚信自己会成为美国最富有的人。然而，命运好像并不眷顾他，一直到45岁，他不仅没有成功，相反，他简直失败透顶。

他从毕业开始，就尝试不同的工作，但每份工作都不会超过三个月。并不是因为布莱恩没有能力，而是总有一些意外的原因阻止他继续做下去。他的第一份工作是到一家晚报做编辑，可做了不到两个月，那家晚报就因为销量不佳而被迫停刊了。“这只是意外，我会有更好的去处的”，布莱恩告诉自己。两周后，他就重新找到了工作，到一家比较像样的餐馆做助理，比起那份编辑的工作，待遇也好了很多。布莱恩暗暗高兴，上帝果然对他比较青睐。但好景不长，在第三个月的时候，这家餐馆收到了拆迁通告，一条即将新修的铁路恰好从这家餐馆的中间通过。布莱恩再一次失业了。可布莱恩好像永远不知道什么叫气馁，他打起精神，继续寻找自己成功的出路。

28岁那年，布莱恩心爱的姑娘嫁给了自己的同伴，这让布莱恩伤心了好一段时间。但很快，他就决定，一定要让自己变得更加优秀，否则没有人会看得起自己。在之后的两年里，布莱恩认识了一个普通而懂得持家的姑娘，布莱恩就这样结了婚。与此同时，布莱恩放弃了打工的念头，开始自己创业。多年的积蓄全部加起来只够租下一个小小的店面，他十分看好自己修理电器的潜能。但几年下来，他的店铺并没有什么起色，仅仅能够维持基本的生活而已。

一天，布莱恩像往常一样，早早来到自己的修理行开始一天的工作，他希望今天的生意能够更好一些。可令布莱恩没有想到的是，和修理行相邻的木材店意外失火，连带着他的修理行也烧得面目全非。布莱恩傻傻地在自己的修理行前站了整整一个上午。他为自己的命运感到十分无奈，他有些心灰意懒。回想自己一生的遭遇，他内心最柔弱的部分被深深地刺痛了。这不是他想要的人生，悲伤之余，他再一次激励自己，不能就这么轻易言败，一定会有一条道路是属于自己的！

这天，布莱恩在新闻上看到一条消息，说是最近有一种新的快餐深受大众欢迎，希望有意加盟的人士踊跃参与。布莱恩想，自己不是在餐馆做过助理吗？当时的老板还夸自己在餐饮方面有极高的天赋，为什么自己就没有想到做这一行呢？想到这里，布莱恩激动不已。他有一种预感，大火之所以烧毁他的修理行，就是要给他指明成功的道路。

果然，仅用了3年的时间，布莱恩就拥有了十几家自己的特色快餐店，成了当地有名的成功人士。

人应该学会激励自己。激励让人在黑暗中找到了光明；激励自己，让自己勇敢地面对困难。激励是我们前进的守护神，它给了我们无穷的胆量和信心，让我们勇敢地面对困难。

别吝啬对自己的犒劳

别忘了自己为自己发奖。犒劳自己是你实现下一步目标的动力。

做一件事情，你可以高高兴兴、快快乐乐地去做，也可以很痛苦地去做，假如你能够选择快乐，为什么要选择痛苦？

做每一件事情，我们都要选择快乐，选择享受。

所有的事情之所以会有思考的瓶颈，是因为做事的目标不明确，对自己所做事情的宗旨没有了解。

有些人对自己的要求太高了，一旦没有达到自己的目标，就始终不肯放过自己。人的身体在为自身服务的同时，也是需要“报酬”的。如果你只是一味地索取，而不肯回报，还不允许它犯错误，那么你未免也太苛刻了吧。纵使失败了也没有关系，该放松的时候放松，此时的停歇是为了之后迈的步子更大，走得更快。所以，一定要平衡索取和回报的关系。

在现代社会，每个人的压力都是非常大的。如果感觉自己受累了，那么就给自己点“犒赏”，或者是看场电影，或者是吃顿好吃的，或者是多睡点觉……相信在你短暂的休息之后，工作效率会更高，业绩会更突出。

安娜小时候，父母经常因她获得的成绩鼓励她。帮母亲做了一点家务，母亲就会笑着奖给她一颗糖；读书时，每次考了高分，父亲也会不时拿出点奖品作为奖赏。那时候，安娜经常会为了得到糖果、玩具等而主动地做家务、努力学习。后来，她不再依赖父母的奖励，而是不断地自己奖励自己。大学毕业后，安娜所在的单位资不抵债，宣布破产。有很长的一段时间，她因为胆小，怕面试时用人单位对自己说“不”而待在家里，几个月过去了，安娜无所事事，父母用微薄的工资来养活她这个已成人的“小孩”。有一天，安娜对自己说，如果今天我去两家公司应聘，回家时就给自己买下那条心仪已久的长裙。她做到了，记得当时她是用向母亲借的钱来完成对自己的承诺的。一星期后，她居然同时收到那两家单位的用人通知。

如果实在不知道如何才能使自己高兴，那么就向身边的同学、同事或者是朋友求助吧，他们肯定会给你很多建议的。千万不要感到害羞，只有把这道心理防线给突破了，才能有更大的作为。相信在他人的帮助下，你会更懂得“享受”，也会更懂得如何让自己生活得幸福、快乐。

心灵驿站

培养自信的8种方法

1. 敢于坐前排

在聚会、开会等场合，你要专挑前面的位子坐。可能你已经注意到，在上述场合，后面的位子总是最先被坐满。大部分占据后排座位的人，都希望自己不会太显眼，而他们怕受人注目的原因就是缺乏自信心，坐在前排能建立你的信心，你可以把它当成一个规则试试看，从现在开始就尽量往前排坐。坐前排是比较显眼，但成功又何尝不是一种显眼呢？

2. 把你走路的速度加快25%

心理学家将懒散的姿势、缓慢的步伐跟同自己、对学习以及对别人的不愉快感受联系在一起。但是，姿势和速度可以改变，你可以借着这种改变来改变你自己的心理状态。如果你仔细观察就会发现，身体语言是心灵活动的结果。那些屡遭打击、被排斥的人，连走路都拖拖拉拉，完全没有自信心。所以，使用这种加快25%的方法，抬头挺胸走会好一点，你就会感到你的自信心在滋长。

3. 经常练习当众发言

在生活中，你会发现，有许多思路敏捷、天资很高的人，却无法发挥他们的长处参与讨论，不是他们不想参与，而是因为他们缺少信心。尽量当众发言，就会增加信心，下次发言就更容易一些。所以，从现在开始，不要放过任何一个发言的机会，不要怀疑自己，你的发言的确很精彩。

4. 要时常放声大笑

笑是治愈人不良情绪的一剂良药，它能给人带来一股强大的推动力。而且，还能够化解与他人的矛盾。放声大笑，你会觉得整个世界都变得美好了。此时此刻，你就放声地大笑一次，然后体会一下其中的滋味。

5. 时刻鼓励自己，相信自己一定能做到、做好

要有这样的信念："我说行就行""他人能行，我也能行"。你可以在课桌上、床前贴上写有激励自己话的小纸片："我行，我能行，我一定行。""我是最好的。"在早晨起床时、晚上睡觉前都在心里默念，在准备发言前、与人交往前，尤其是遇到困难和挫折时都要反复地告诉自己："我能行。"久而久之，就会通过自我积极的暗示机制，鼓舞自己的斗志，增加心理力量，使自己逐渐树立起自信心。

6. 要注重自己的仪表

一套干净、笔挺的西装会让一个男人看起来更加庄重，一袭美丽的长裙会让一个女人看起来更加迷人。可见，恰当的仪表可以获得别人的赞赏和好评，从而增强人的自信心。因此，自卑的学生尤其要注意自己的仪表，好好装扮自己。在出门前，或者在课间，多照镜子，保持发型美观，

衣着整洁、大方。当你的仪表得到别人的夸赞时，你的自信心一定会油然而生。

7. 练习正视别人，提高自我胆识

一个人的眼神可以透露出许多有关他的信息。不敢正视别人是胆怯、心虚的表现。而大大方方地正视别人，等于告诉他人：“我是诚实的，而且光明正大，毫不心虚。”因此，在学习和工作中经常提醒自己要面带微笑，正视别人，用温和的目光与别人打招呼，用点头表示问候，用聚精会神、专心致志的听讲表示对他人的理解与支持。这种练习不但能增强你的亲和力，而且能为你赢得别人的信任，强化你的自信心。

8. 挺起胸膛，让步履轻松稳健

自信的人走起路来胸膛直挺，步子稳健轻松。挺起胸膛，我敢保证，你的自信心会慢慢增长。

第七章
驱散阴霾：还给心灵一个晴天

生活中，一个好的心态，可以使你乐观豁达；一个好的心态，可以使你战胜面临的苦难；一个好的心态，可以使你淡泊名利，过上真正快乐的生活。学会调节自己的内心，驱散心中的阴霾，还心灵一个明媚的晴天！

扫除嫉妒心，享受属于自己的快乐

嫉妒别人是缺乏自信的表现。嫉妒会导致情绪上的低落，约翰·德赖登称之为“灵魂的黄疸”。真正自信自爱的人，并不会嫉妒，更不会允许嫉妒让自己心烦意乱。

嫉妒产生于一种畸形的竞争心态。一旦认为他人在某方面比自己强，便会心烦意乱，甚至时刻想着如何打击、诋毁他人。

每个人都难免产生嫉妒，但是杰出的人往往能用理性去克制嫉妒，并以此来刺激自己奋发努力，而不是阻挠对方；但那些任嫉妒之火燃烧而迷乱理智的人，往往会被内心这种疯狂的激情消耗精力，使他人和自己两败俱伤。

有两家邻居表面上相处得很好，其中一家男主人表面上对另一家新购置的房产欢欣鼓舞，对其儿子考上大学击掌庆贺。但是，一回到自己家里，就变得恶狠狠起来：凭什么他这么有钱，凭什么他的儿子就能考上大学，而我什么都没有呢？他在心里诅咒，每天都盼望他的邻居倒霉，或盼望邻居家着火；或盼望邻居得什么不治之症；或盼望下雨天雷能窜进邻居家，劈死一两个人；或盼望邻居的儿子出意外……

然而每当他看到邻居时，邻居总是活得好好的，并且微笑着和他打招呼。这时他的心里就更加不痛快，恨不得往邻居的院里扔包炸药。就这样，他每天折磨自己，身体日渐消瘦，胸中就像堵了一块石头，吃不下也睡不着。

终于有一天他决定给他的邻居制造点晦气，这天晚上他在花圈店里买了一个花圈，偷偷地给邻居家送去。当他走到邻居家门口时，听到里面有人在哭，此时邻居正好从屋里走出来，看到他送来一个花圈，忙说："这么快就过来了，谢谢！谢谢！"原来邻居的父亲刚刚去世。这人顿觉无趣，"嗯"了两声，便走了出来。

这让这个男人觉得很生气，不但没有达到目的，反而误打误撞，让别人捞了"好处"。

终于，他又等来了一个机会。上帝说：现在我可以满足你任何一个愿望，但前提就是你的邻居会得到双份的报酬。那个人高兴不已。但他转念一想：如果我得到一份田产，邻居就会得到两份田产；如果我要一箱金子，那邻居就会得到两箱金子；更不能忍受的就是如果我要一个绝色美女，那么我的邻居就同时会得到两个绝色美女……他想来想去总不知道提出什么要求才好，他实在不甘心让邻居白占便宜。最后，他一咬牙："哎，你挖我一只眼珠吧。"

故事中的人因为嫉妒而变得丧心病狂，最终在残害别人的同时也把自己伤害了。当然这只是一个故事，但生活中类似害人害己的事却在时时上演，嫉妒就像心灵的毒火一样，不可救药地、疯狂地毁灭这原本健康快乐的人生。

心灵呵护，调整自负的心理

面对人生路上的鲜花与荆棘、阳光与风雨、功与过、是与非、得与失，不同的人有着不同的处世之道。其中昂扬奋进的自信者大有人在，也屡见不鲜，而自命清高的自负者更是不乏其人。

自负的人难免心高气傲，有的自视过高，总爱抬高自己贬低别人，把别人看得一无是处；有的固执己见，唯我独尊，将自己的观点强加于人，令人讨厌。自负的人也很少关心别人，他们经常从自己的利益出发，不太顾及别人。自负的人有明显的嫉妒心，极爱去打击别人，排斥别人；当别人失败时，就幸灾乐祸。总之，自负者可用八个字来形容：心中无神，目中无人。

杜军在事业上可谓一帆风顺，家境优越的他大学毕业后直接分到某国有企业，并被上司看重，可谓前程似锦。然而，这超常的顺利，让杜军开始变得有些飘飘然了，他觉得自己非常优秀，一切都是应该得到的。他觉得同事都不如自己，对他们傲慢而且冷淡，甚至对领导也直言顶撞。

久而久之，同事们都对他敬而远之，甚至一向器重他的上司也开始重新审视他了。后来，单位承包了一个项目，杜军原以为从技术、经验和其他方面来说，自己胜券在握。然而，令他没想到的是，最后领导派了一个平时他觉得各方面都不如自己的同事负责。自负让杜军在工作中遭受了沉重的一击。

自负心理对人的身心健康、人际关系甚至事业发展都有很大的危害。自负的人，常常以一种“居高临下”的姿态看待周围的人，进而使别人对他敬而远之。这样，他就得不到有益的劝告，从而也更助长了这种心态。如果任其发展，最终将导致极度自恋，甚至变态、妄想等。

自负还会导致人际关系紧张。由于自负者往往觉得自己高人一等，从而让别人对他产生抵触情绪。久而久之，这种情绪就会转化为厌恶情绪，人们自然而然地会躲避他，没有人愿意和他打交道。而这对一个人的事业发展是极为不利的，加之他过度自信，决策难免出现失误，因此自负往往导致事业失败。

对于自负者或有自负倾向的人来说，应该时时给自己敲一下警钟，时时反省自己，消除自负心理，这对工作、生活和健康都会有益。

调整心态应是克服厌倦的首选之策。我们要在看似重复的工作中找到它的价值和意义，在看似单调的生活中找到其平淡质朴的真谛，用一颗积极的心来看待这个世界，世界将会因你而精彩。

1. 找回激情

做事情一定要有激情。所以，当对所做的事情失去激情的时候，要努力地找回失去的激情。可以想着这件事做好之后能带来什么样的效益，能给家人带来什么样的快乐等，也许这样你就会有激情将事情做完。

2. 强烈的主观愿望

做事情的时候，一定要想着我一定要完成这件事，无论遇到什么困难，都不能半途而废，自己给自己一些鼓励，当你十分想把一件事完成的时候，你就会坚持完成这件事。

别固执地一条道上跑到黑

固执就是日常所说的“犟”“执迷不悟”“一条道儿跑到黑”。适当的固执，为人平添一份可爱的“原则美”，不少具有这种行为风格的人最后获得了成功，而与之一步之遥的另一面就是固执，但过度的固执就是偏执。

现实生活中存在着这样一些特别固执，几近偏执的人。这类人往往敏感多疑、自我评价过高、不接受批评、易冲动和诡辩、缺乏幽默感。固执的人常发生与朋友分手、与恋人告吹、夫妻不和、父子反目等情况。

李福是大家公认的“犟驴儿”，因为他认为自己永远都是对的。只要认定一件事，不论其他人如何说，他就会坚持到底。因为他的固执，大家都躲着他，生怕碰上他又要听他的“宏论”。

在家里，他常常和正上大学的儿子辩论，有时理屈词穷还坚持己见，儿子说他是“老顽固”，所以不愿和他说话；在单位，没有人愿意和他一块儿出差，也没有人愿意与他合作。

为此，老婆批评过他，领导劝告过他，儿子也说过他。但他就是不听，依旧认定他自己的“真理”，依旧做他的“犟驴儿”。

在单位年终评比中，他因人缘差，多次被排在末尾，结果被“炒”了。失业后，家人都劝他给领导好好说话，再找一份工作，但他死活不愿意去“求人”，相信自己是块金子，总会有人发现的。就这样，他整天待在家里喝茶、练字，家庭开支全靠妻子摆小摊来维持。

固执的人，一般都很让人讨厌。有时明知这种观点不对，还要千方百计地为自己狡辩，认为自己是对的。久而久之，别人就不大愿意和他说话了，更别提辩论了，或许交往也会随之减少。可以说，固执是人际交往的大敌。

固执是坚持成见、不懂变通的心理现象。固执和坚持的距离可能只在一念之间。坚持自己的意见，当受到挑战时勇于为自己的想法辩护那是坚持。而当道理已经讲得很明白了，也看到自己想法中的缺陷了，却始终不愿意放弃自己的原始想法，想尽办法来给自己找到一些存在的理由，这就是固执了。

那么，应该如何调适固执心理呢？

1. 克服虚荣心

任何人都不是完美无缺的，都有或多或少的缺点。这是客观事实，无须掩饰自己的缺点和错误，也不要夸夸其谈、不懂装懂。要把精力引向事业，使虚荣心这种变态“能量”得到转化，达到心理平衡。

2. 提高个人修养，丰富知识

只有提高了自己的修养，掌握了丰富的知识，才能把自己从教条和成见中解脱出来。从而培养自己尊敬和信任他人，宽容待人的态度。而不是过于欣赏自己的成绩，谈论别人的不足。要乐于接受新知识、新事物，并积极学习其新颖和精华之处，不要去计较那些微不足道的事情。

3. 客观对待他人意见，不要一味抵触

要善于克制自己的抵触情绪以及无礼的言语和行为，加强自我调控，学会使用感情转化的心理调适方法。对自己的错误要主动承认，善于应用幽默，自我解嘲地找个台阶下，不要顽固地坚持自己的观点。

开启自闭的心灵之门

在生活中，我们会发现一些人做什么事情都是独来独往，他们不喜欢和别人在一起，即使你发出邀请，他们也会很干脆地拒绝。他们也许并不是拒绝和别人交往，很多时候，他们只是不知道该怎么和别人交往，缺乏社会交往技巧。他们懒得说话，对周围的事不关心，似乎是听而不闻，视而不见，自己愿意怎样做就怎样做，毫无顾忌，旁若无人，周围发生什么事似乎都与他无关，也很难引起他的兴趣和注意，目光经常变化，不易停留在别人要求他注意的事情上面，他们似乎生活在自己的小天地里。此外，他们的目光不注视对方甚至回避对方的目光，平时活动时目光也游移不定，看人时常眯着眼，斜视或用余光等，很少正视，也很少表现微笑，从不会和他人打招呼……他们往往活在自己的世界里，把自己和这个世界隔绝了。

一位职场人士向心理专家倾诉了自己心中的苦闷："最近我心情极端郁闷，现在我已经自闭了半个月了，我觉得我得了抑郁症，因为我有时特别不自信，总觉得有什么事情没做好，我小时候受过父母离异的打击，长大后遭受过失去至亲之人的痛苦，22 岁第一次感受到生命无常，体重曾从140斤减至110斤。目前生活在别人眼中是稳定、美好的，但我感觉到不定期的情绪起伏，非常自卑。我20多岁孤身来到这个城市，到如今没朋友，感觉孤单。但在工作、生活中别人都认为我是一个比较平和随意的人，只有我自己知晓自己的孤僻，不能真正融入其中，我对什么都提不起兴趣，我30岁了，结婚5年，妻子也在我身边，我们很少沟通，我妻子对我很好，但我没有爱的欲望，我感觉我没有爱了，如果问我世界上最爱的人是谁，我想应该是我的妹妹，您说我是不是太自私？时常在想，别人都说我很幸福，为何我自己就感觉不到幸福呢？我这次是在家里待的时间最长的一次，整整15天，没出门半步。电视不想看，不想与人打电话，不想说话，我还有严重的神经衰弱。”

自闭症，又称孤独症，被归类为一种由于神经系统失调导致的发育障碍，其病征包括不正常的社交能力、沟通能力、兴趣和行为模式。

自闭症有以下一些主要症状。

①社会交流障碍。一般表现为缺乏与他人的交流或交流技巧，与亲人之间缺乏安全依恋关系等。

②语言交流障碍。语言发育落后，或者在正常语言发育后出现语言倒退，或语言缺乏交流性质。

③重复刻板行为。

④智力异常。70%左右的自闭症儿童智力落后，但这些儿童可能在某些方面具有较强能力，20%智力在正常范围，约10%智力超常，多数患儿记忆力较好，尤其是在机械记忆方面。

⑤感觉异常。表现为痛觉迟钝、对某些声音或图像特别的恐惧或喜好等。

⑥其他常见行为。包括多动、注意力分散、发脾气、攻击、自伤等。这类行为可能与父母教育中较多使用打骂或惩罚有一定关系。

有自闭症的人一般都表现得孤独离群，不会与人建立正常的联系，缺乏与人交往的能力；言语障碍十分突出；兴趣狭窄，行为刻板重复，强烈要求环境维持不变；大多智力发育落后及不均衡。

拒绝冷漠，用热情融化内心

人与人之间应该相互关心，相互帮助。只有这种善良和温暖存在，人们的关系才会被加热，并再次传递给别人温暖。我们不能冷漠地对待身边的人和事，否则冷漠会成为两个人之间难以逾越的鸿沟。

友情和热情是维持社交的重要因素。如果大家都“事不关己，高高挂起”，世间哪里还会有温情在？所以，不要对世界冷漠，要满怀一颗热忱的心，才能让自己和社会都感受到融融的暖意。

有一天，天正下着小雨。马路对面有个残疾人，可能是路滑，拐杖没有撑好摔倒了。他无助地在冰冷的路上挣扎着努力要站起来，却没有用。他只好向路过的人伸出手，想叫他们扶自己一把。可是没有人在他面前停留，哪怕一秒钟。

后来，有一位和女友并肩而行的青年正要过去扶他，可旁边的女朋友却上前拦住了青年，并对青年说：“这时候谁敢去扶他啊，要是他说是我们推倒的就坏了。”也有路人接着说以前就看到过这样的情况，后来怎么怎么样了。青年听后，逐渐停下来的脚步又加快了起来，快速离开了那个残疾人。

后来，有个穿着雨衣背着书包的小学生模样的孩子走了过去，用他不大的力气努力帮助残疾人站了起来。起来后，尽管满心感激，但残疾人却表情凝重，只冲着孩子说了几声“谢谢”，然后就拄着拐杖步履蹒跚地消失在了雨中，留下路人和小学生伫立在雨中……

上述故事，也许就是今日社会里极为常见的情形。在平时的生活中，我们还会听到这样的事：歹徒在闹市公然抢劫妇女的钱包，有人却说风凉话；有人在楼顶欲跳楼自杀，有人竟然架起望远镜看热闹；有人不慎落水，路人却袖手旁观……中国人有着严重的“看客”心理，这种人与人之间的冷漠根深蒂固。

有时，我们常常在表面上、口头上表示对某些事很有热情，然而真正面对时，却又视而不见，甚至无动于衷，这不是有热情，而是真正的冷漠。冷漠的人对待和自己无关的事，常采用冷漠的态度，不闻不问，坚守着“事不关己，高高挂起”的原则。甚至还会错误地认为，言语尖刻、态度孤傲、高视阔步，就是“人格”，给人以清高孤傲的感觉。

冷漠心理的形成还源于自私心理。自私心理严重的人，在社会生活中会表现为经常性地、不适当地强调自我，强调个人利益。以“我”字为中心，以个人利益为半径，处处替自己打算，时时为自身着想。这样的人不关心别人，几乎没有朋友。但是，人间毕竟还是有温情在的。阳光和热量是地球上的生命得以存在的重要因素，没有阳光和热量，这个地球上将是漆黑一团，寒冷异常。同样，这个社会如果没有了热情和感动，那么人与人之间的关系将会是冷冰冰的，没有任何乐趣可言。如果人们只关注金钱、权力、地位等东西，而冷漠了人间的真情，那么将失去真正美好的东西。

在日常的行为中，有的人总是抱着“我不在乎”的态度，似乎任何事情都与自己无关；有的人在追名逐利中，把眼光只放在了权力和金钱上，冷漠了亲情、友情，忽略了良心、道德，忘记了精神、文明。而大部分的人却能不违背自己的良心，尊老爱幼，热心助人，以热烈的心来温暖着家庭和社会。那么，朋友，你愿意做一个什么样的人呢？

让自己不再优柔寡断

人的一生中常常会面临很多的选择和判断，对与错，常常只是一念之差。由于心理矛盾，就会陷入左右摇摆、徘徊彷徨，不能立刻做出清醒的判断。特别是在影响自己一生的重大选择上，人们的犹豫表现得更为明显：反复的犹豫，最终导致耽误了良机。

不仅面对大事是这样，很多人在小事上也是左思右想，难以做出决定。穿西服还是夹克衫？吃西餐还是中餐？这份工作是继续做还是跳槽？每一次的选择对于那些有犹豫性格的人来说都是严峻的考验。

焦羽从小就是一个乖乖女，在学校里听老师的话，在家听父母的话，就这样从小学到大学，哪怕是穿什么颜色的衣服这种很小的事情都是妈妈帮她决定的。

大学毕业后，焦羽在市里的一家医院上班，可是医院里的一些事情总是让焦羽不知道该如何应对，她不但对工作中出现的问题一筹莫展，比如给病人安排床位、具体某个时刻通知病人做检查等，她都要一再询问主治医生和护士长，即使他们已经清楚地告诉她如何去做，她还是会因为其他的顾虑和担心而犹豫不决。很多问题，她都会不厌其烦地问妈妈，虽然有些问题妈妈帮她想了应对的方法，可是许多问题还是被她一拖再拖。有一次院长找她谈话，希望她做事能够果断一点，改掉这种优柔寡断的作风，可是她从小就没有形成遇事自己拿主意的习惯。她总觉得事关重大，自己不能轻易下决定，害怕出错或者承担责任。

此外，就算是人际交往方面的分寸，她也难以把握。朋友喊她一起出去参加聚会，她也不知道自己该不该去，该穿什么样的衣服，该选在什么时间点去，结果很多次都给朋友带来了尴尬。

很多心理学家认为，那些优柔寡断、自己难做决定的人对自我缺乏正确的评价，他们内心有一种不现实的完美主义倾向，希望能够把握所有的因素。他们害怕失败，害怕失去自己已经拥有的东西，为此，变得畏首畏尾。众所周知，当你做出一个选择时，就意味着失去了其他选择的机会，然而有些人有着很强的占有欲，在占有欲的驱使下，面对选择他们会变得犹豫不决。一个人越是优柔寡断，越是不明白自己该做什么事，过于追求和幻想完美，往往会阻碍他做出决定。因为迟迟不作决定，就可以幻想自己从来没有失败过。

法国心理治疗师皮纳认为，那些不做决断的人是在等待别人给他做决定，他们害怕承担选择带来的责任，而把选择权交给他人则意味着自己不用承担责任。的确，所有的决定在解决问题时，总会连带产生另外的问题，任何做选择的人总要付出代价，而那些优柔寡断的人可以通过自己不做选择来逃避责任。

另外，心理学家还发现，幼年时期的家庭环境也可能影响到人做决定的能力。法国心理治疗师克勒斯贝认为，不能做决定的人可能小时候对父母的意志百依百顺，长大后，失去了自己做决定的能力。很多父母总是代替孩子做决定，孩子就逐渐丧失了自我决断的能力，致使他们从来不知道自己做决定会带来什么样的后果。

这样的孩子长大后，对事物的发展难有预见性，不知道做出一个决定之后对应地会出现什么样的结果。还有一种原因，就是在成长过程中一直都有人帮他们做决定，长期以来，使其对事情的发展缺少洞察力，对家长、老师和身边的朋友形成一种严重的依赖感。一旦失去了别人的帮助，他们就陷入了迷茫困惑的犹豫不决之中。

威廉·沃特说："如果一个人永远徘徊于两件事之间，对自己先做哪一件犹豫不决，他将会一件事情都做不成。"所以，我们应该克服犹豫不决的性格。那么，该怎么克服犹豫不决的不良性格呢？

1. 决定取舍

不要追求尽善尽美，"金无足赤，人无完人"，只要不违背大原则就可以决定取舍。尽可能全面地去认识要解决的事情，并且勇敢地做出决定，这样你就可以在一次次的决定中吸取经验教训，使自己不断成长。

2. 有胆有识

人的决策水平与其所具有的知识经验有很大的关系，一个人的知识经验越丰富，其决策水平就越高；反之，则越低。所以，在日常生活中要处处留心，使自己尽可能多地去掌握解决问题的方法。这也就是俗话说的"有胆有识，有识有胆"。

3. 主动思维

“凡事预则立，不预则废。”平时经常开动脑筋，勤学多思，是关键时刻有主见的前提和基础。积极主动地思维在人生的重要关头常常能够帮助我们做出重要的决定，多数时候，这些决定都是正确的。

心灵驿站

放开心灵的四大疗法

①音乐疗法

每一个人对音乐都有先天的爱好和反应。对于有自闭症的人来说，他们的音乐天赋往往高于正常人，他们一般对音乐有着强烈反应及兴趣。正因为如此，适当的音乐活动可以加强他们的参与感。

②强化疗法

强化疗法的具体办法为：先由治疗人员给出一个简短明确的指令让自闭症者作出一个单一性动作，如自闭症者根据指令完成这一动作则立即给予奖励。否则的话，则由治疗人员给予适当的口头提示或必要的身体帮助，待其能自己完成该动作后再逐渐提示帮助。每一单元都应简短并与下一单元有一定的时间间隔。这是一种结构性较强的治疗方法。

③自然教法

自然教法强调对自闭症者的训练应当在自然的教育环境和家庭环境中进行，并应尽量安排非自闭症者加入到过程中以起到示范与强化的作用。治疗目的主要在于对自闭症者的主动自立和自控能力的培养。自闭症者不一定非要达到规定动作，只要其显示出交流意向或行为努力，就应给以充分的奖励。应充分运用情景教育的原则，尽量创造特定的客观情景以激励自闭症者说话交往，并使这种努力在自然结果中得到奖励与强化。

④图助疗法

大多数自闭症者都有严重的语言障碍，有些甚至达到失语的程度。另外，他们对日常生活中的变化不能适应而反应强烈。美国德莱瓦州自闭症

治疗中心的邦第博士，根据行为心理学的原理发展出一套图片交换沟通系统，旨在帮助有语言障碍的自闭症者学会用图片来表达他们的要求和思想。

一般来说，自闭症患者能否恢复正常与发现疾病苗头早晚、疾病严重程度、早期言语发育情况、认知功能是否伴有其他疾病、是否用药、是否训练等多种因素有关。如果能发现早期症状进行早期诊断早期治疗，无疑会对恢复产生积极而有效的影响。

每个人都有和人交往的需要，也都有得到他人喜爱、承认的需求，那就表现出你的诚意和爱心来，给别人一个微笑和问候，你就能收获更多的温暖和美好。

第八章
智慧人生的6堂心灵经营课

人生之途坎坷不平，用平和的心态脚踏实地地做事，光明磊落地做人，不因生活的琐碎而埋怨平凡的生活，不因名利的诱惑而放弃做人的原则。见识人生百态，品尝人生百味，学会放下，学会舍得，卸下心灵的重荷，让我们带着轻松起程。

低调是福，享受生活

在现代社会上，“低调”是不太“得宠”的，一般人们更喜欢“高调”。也难怪，在经济社会中，谁不想找到好的另一半，谁不想事业快速发展，谁不想钱多多的赚，谁不想舒舒服服的生活……可是，当我们听多了夸夸其谈的论调，看多了外强中干的表现，“高调者”最终的结局都是美梦一场。因为他们无形当中给自己增加了做人的成本，给自己人为地制造了成功的障碍。

在现代社会中，如果仔细地观察，就会发现在我们的身边“低调”常常可以完成“高调”所完成不了的事情。低调的人生态度比高调更为难得；低调的气质比高调的姿态更富有魅力；低调的方法比高调的炒作更容易实现目标。因此，低调者收获的是福，是快乐。他们懂得并不一定非要一味地争强好胜，在必要的时候，宁肯退后一步，做出必要的自我牺牲，有这种度量的人肯定会做成大事的。

春秋后期，齐国的齐景公不仅赋敛非常严重，同时刑罚也特别厉害，传说因为受到刖刑的人特别多，受过刖刑的人所穿的鞋子（踊）都比一般鞋子要贵得多，很多人都背井离乡地逃难去了。齐卿田氏为了争取流亡的民众，就派人做了大小两种斗，把自己的粮食用大斗借给饥民，用小斗收还回来的粮食；同时在自己管辖区内控制物价，使得木料和鱼盐海产的价格不超过产地价格。田氏的惠民政策深深地得到了民众的拥护，于是，民众纷纷来投靠田氏。这样一来，民众的心都归向了田氏，由于争取到了民众支持，田氏联合鲍氏和诸大夫，打败消灭了高氏、国氏和晏氏，并且杀死了高、国二氏所拥立的国君荼而拥立阳生（齐景公太子）为君，即齐悼公。次年，齐悼公被杀，立其子壬为国君，即齐简公。齐简公任用田氏为丞相，田氏暗中厉兵秣马。终于在公元前481年，田氏打败齐简公，取得了齐国的政权，田氏自立为国君。同年，周天子（周安王）正式册命田氏为齐侯，历史上称之为“田齐”。

有很多人误认为低调不但会吃亏，而且往往还会吃很多亏，吃大亏。其实，唯有不计较吃亏的人，才会真正的有福。自古就有“吃亏是福”“吃一堑长一智”的说法。但对于其中的道理似乎有很多人还只是表面上一知半解，而实际行动起来却大打折扣。吃亏，虽然意味着舍弃与牺牲，但实为一种胸怀、一种品质、一种风度。

有这样一个寓意深刻的小故事。

一天，吃晚饭的时候，父亲特意做了两碗面，一碗面有蛋，一碗面无蛋，父亲问10岁的儿子：“小刚，你吃哪一碗？”

“当然是有蛋的那一碗！”儿子毫不客气地说。

“不后悔了？”父亲问。

“不后悔！”儿子说完，便迫不及待地开始吃那碗面了。父亲吃的时候，儿子没想到父亲的碗底藏了两个荷包蛋。儿子傻眼了。父亲告诫儿子：“记住，想占便宜的人往往占不到便宜。”

第二天的晚饭，父亲又做了两碗面，也是一碗面有蛋，一碗面无蛋，父亲问儿子："小刚，吃哪一碗？"

"孔融让梨，我让蛋！"儿子狡猾地端起那碗无蛋的面吃起来。可是，儿子吃到底也没看到蛋，倒是父亲的碗上面有一个，下面又藏一个，儿子又傻了眼。父亲又告诫儿子："记住，想占便宜的人，可能要吃亏的。"

第三天的晚饭，父亲又做了两碗面，还是一碗面有蛋，一碗面无蛋。父亲问儿子："小刚，吃哪一碗？"

"孔融让梨，我让面——爸爸是大人，您先吃！"儿子诚恳地说。

"那就不客气啦！"父亲端过上面有蛋的那一碗吃了起来，儿子吃的时候发现自己的面下面藏着一个蛋。

父亲意味深长地说："不想占别人便宜的人，生活也不会让他吃亏的。如果做人总怕吃亏，总想占便宜，最终吃亏的是自己，因为你丢掉了人们对你的尊重和信赖，这个亏可就吃大了，最终结果是你什么便宜也占不到。"

是啊，世界上没有白占的便宜，爱占便宜者迟早要付出代价。为了蝇头小利，失去了尊严的人格多么不值啊！只有不怕吃亏的人，才会以一种平和的心境去感受人生的幸福和快乐。我们要在物质利益上不是锱铢必较而是宽宏大量；在名誉地位面前不是先声夺人而是先人后己；在人际交往中不唯我独尊。这样低调的人，总是把别人往好处想，在其善良和坦诚的背后，是一个阔大的、宽容的、不设防的世界。

在生活中，低调点，吃亏点，我们就会很快地成熟起来，并懂得享受生活的快乐。一旦放不平心态就会愁肠百结，郁郁寡欢，甚至一蹶不振，那么受伤的人也只能是自己。受到这种伤害，服用任何灵丹妙药都是无济于事的，诊治的特效药方只有四个字：低调是福！

空杯心态，一切从零开始

上帝把从0到9这十个数字摆在十个人面前，每个人只能挑选一个。几个人争先恐后地上去，把从3到9的大数都抢走了，拿到2和1的人，埋怨自己的运气太不好，只拿到这么一点。但只有一个人心甘情愿地取走了0。其他的人都说他傻："拿个0有什么用，还不是什么也没有?"但他却说："万事从零起步嘛!"从此以后，他便从身边的小事，从基础开始，整天埋头苦干起来，终于他获得了1，加上他原来的0，便成为了10，在他获得5时，他就拥有了50……零把他获得的一切十倍十倍地增加，让他最终成为世上最富有、最成功的人。

零，在我们的习惯思维中代表一无所有，从零开始就意味着你要放下一切，放下原本拥有的功名、利禄、身份等。从零开始，就是把过去作为起点，不管在成功还是失败的十字路口，只有做到从零开始，才可能拥有另一个新天地。

有人问一位事业成功的企业家，他几十年稳操胜券的技巧是什么？他笑而不答，只是在纸上画了一个大大的圆圈，所有的人都不解地看着他。"把自己看成一个零"，原来，在他20多岁第一次坐上董事长兼总经理的宝座时，可谓是风华正茂、意气风发，公司有亿万资产，这让他觉得自己的未来定会有所作为。正当他踌躇满志，天不怕地不怕，认为没有自己干不成的事情的时候，他的父亲送给他一张画有一个大大零的纸，他看着那个大大的零百思不得其解，就去向父亲请教，父亲说："如果没有我留下的这些资产，又把你刚要起步的人生看作零，那你还有什么?"

父亲的话让他彻夜未眠，翻来覆去想明白了一个道理：自己什么都没有，只有一个零。因为公司的万贯资产都是父亲的，公司的远大声名也是父亲的，这一切一切的辉煌都不是自己的，自己必须从零做起。认识到这一点，他不管做什么事，总是一步一个脚印，勤奋谨慎，从公司的最基层工作抓起，终于用一块一块成功的砖，给自己筑起了一座不倒的成功巨塔。

成功起于累土、从小事开始的，就像高楼大厦要从地基开始，千里之行要一步一步走。民间曾流传这样一句话："丢了一个钉子，坏了一只铁蹄；坏了一只铁蹄，折了一匹战马；折了一匹战马，伤了一位战士；伤了一位战士，输了一场战斗；输了一场战斗，亡了一个国家。"一个小钉子，决定一个国家的存亡，多么不可思议。伏尔泰曾经说过："使人疲惫的不是远处的高山，而是鞋子里的一粒沙子。"这些都告诉我们，任何人的成功都必须从小事做起，从细节入手。有时候，一件看起来微不足道的小事，或者一个毫不起眼的变化，就能改变原有的一切。

无数的事实证明：生活中，将人击垮的往往不是那些巨大的挑战，而是被人忽视的一些小事。当一个人踌躇满志地去实现自己的理想时，总觉得应把所有的精力都放在最重大的事上，因而忽略了细节，因为它们是生活的细枝末节，让你感到微不足道、不予重视，最后却成为你最大的绊脚石。要知道，每一件大事都是由无数的小事组成的，对于任何一件小事都不能敷衍应付或是轻视懈怠。一个人要建功立业，就必须从一件件平平常常的、实实在在的小事做起，从零开始。那些整天琢磨干大事，不鸣则已，一鸣惊人的人，不仅浪费了许多时光，到头来还是一事无成。

从零，从小事做起的成功，才是真正的成功。因为在这条成功的路上，他已积累了所有成功的经验，这将是他人生的无价之宝。

子夜时分，时钟都会归零，开启新的一天；磅秤在称完东西后，都要归零，才能使下一次更加精确。人也是这样，不管是成功还是失败，都要让自己的心态归零，从头再来一次。

把心归零，才不会被历史的阴云遮盖了寻找光明的凌云壮志，把自己放到一个全新的起点上，去接受另一个挑战；将心归零，放下昨天的美丽及昨天的烦恼和失败，轻装上阵，给自己一个完善自我的机会，一个自我提高的过程。

零意味着过去的消亡和现在的起程，意味着一个新的起点。重新归零，能让我们静下心来发现自身所存在的优点和缺点，从而找到更好的弥补办法，重新归零，这既是对自己的挑战，也是一种人生的挑战。

感恩：生命中的心灵之花

人来到世上，要懂得感谢父母赐予了我们生命；学而增知，要懂得感谢师长的教导；作而有为，要感谢同事和上司的帮助。没有父母的养育，没有师长的教导，没有同事的帮忙，没有上司的器重，就不会有我们的今天。

古有“一日为师，终身为父”之说，今有“滴水之恩，当涌泉相报”之理。生活赋予我们的太多太多，我们应该懂得对帮助自己的人说一声“谢谢”。

现实生活中，挤公交车上下班，给老人和孕妇让座的年轻人越来越多了，但是，并不是每个接受了年轻人让座的老年人和孕妇都能真诚地对让座的人说句“谢谢”。

有一次，一辆公交车上上来一位老大娘，售票员边卖票边不停地说：“哪位年轻人，请让个座位给这位老大娘。”坐在车门口的一位年轻人赶快站起身来让位，而老大娘坐下后竟然没有说一个“谢”字，还是售票员连忙笑容满面地对年轻人说了一句“谢谢”。

在一个可怕的暴雨和雷电交加的晚上，当蒸汽渡轮“埃尔金淑女号”撞上一艘满载木材的货轮并沉没之后，船上393名乘客全部掉入了密歇根湖水之中。这时，一位名叫史宾塞的年轻大学生奋勇跳入几乎能把人冻僵的湖水中，连续救起了17个人之后，终因筋疲力尽而虚脱，再也没能站起来。从此，他在轮椅上度过了自己的余生。多年后，一家报社记者采访他，问他那晚之后最难忘的是什么事，史宾塞不无失望地回答："被我救出的17个人，至今没有一个人向我说声谢谢。"

公交车上主动让座，与史宾塞奋勇救人相比，是小得不能再小的事情了，让座的人不可能会要求别人酬谢。然而，对于他们这种文明的行为，为什么我们就不可以像售票员一样，真诚地对他们说一声"谢谢"呢？这一声"谢谢"就那么令人难以启齿吗？虽然一声"谢谢"不能代表什么，但它至少是对他们这种文明行为的肯定，更是对他们这种文明行为的鼓励。史宾塞的遭遇不就是在告诉我们，在日常生活中，对帮助我们的人真诚地说一声"谢谢"是何等重要吗？在我们的一生当中，总会有很多人在我们无助时帮助我们，我们要学会感谢——谢谢所有曾经或现在帮助过我们的人……

的确，经常把"谢谢"挂在嘴边的人，走到哪里都会受到欢迎，并得到人们的青睐。当然，"谢谢"的前提是真心真意，是真诚的感恩。否则，虚假的"谢谢"说得再多，也不会有人理睬。

感恩是一种生活态度，是一种品德。如果一个人缺乏感恩之心，必然会导致人际关系的冷淡，所以，每个人都应该学会感恩。在我们受过他人的帮助后，不要忘记还情，不要从此中断与其联系。或许在经过一段时间后，我们和他人之间的情谊会变得更加深厚，这种经过无私奉献得来的友情更加珍贵，它会在我们意想不到的时候帮助我们渡过难关。

有一天，一个贫穷的男孩挨家挨户地推销产品以赚取学费，他已经很饿了。他决定到下一家的时候，要点吃的，但是，当一位妇人打开门时，他顿时丧失了勇气，只是要了一杯水。这位妇人发现这个小男孩似乎很饿，于是给了他一大杯牛奶。

他慢慢地喝着，问道："我应该付给你多少钱呢？"

"你并不欠我任何东西。"妇人回答道，"妈妈教过我们，不应该因所做的善事而索取任何报酬。"

当那个小男孩离开那所房子的时候，他不仅体内生发了能量，而且对他人的信任感也增强了。这个小男孩名叫霍德华·凯利，他后来成了一位著名的医生。

多年以后，那位妇人得了重病，本地的医生们都束手无策，他们只好把她送到附近的大城市接受治疗。在那里，他们请专家诊治她罕有的病症，这其中也有霍德华·凯利医生。他穿着医生套装进去看病人，一眼就认出了她。他返回到会诊室，决心用自己最大的努力来挽救她的生命。

他们最终成功了。凯利医生请求财务处先把账单交给他，他在边缘写了一些字，然后账单就送到了她的手中。她不敢打开，因为她相信用她的余生来偿还也不够。最后，她还是鼓足勇气打开了它，账单边缘的一些字吸引了她的注意力，她读到“已用一杯牛奶全部付清”。她这时才明白，救她的医生正是多年以前喝过她家一杯牛奶的那个小男孩，想到这里，她的内心涌出了一种说不出的感动。

古语说得好：“滴水之恩，当涌泉相报。”那么如果是“涌泉之恩”，就该有更大的报答了。可是，总有一些人受到别人的“涌泉之恩”，却“滴水不报”，甚至连最微小的细节都不曾注意。

一位摄影师到山里采风，看到一个穷苦孩子，他的家穷到四壁透风。摄影师慷慨捐资，帮助他建了一座房子。房子盖好时，摄影师从城里打来电话，问那孩子搬进新房高不高兴。那孩子说了一句让这位捐资者心寒的话，他说：“房子很好，就是还缺个电视。”

虽然捐资者有“施恩不图报”之心，但把施恩者当摇钱树来摇，其冷漠与欲望结合的回馈，不能不说是对关爱之心的一种亵渎。

一个小女孩掉到水里，一位过路的人见状，救起了那个女孩后转身就离开了。女孩得救后，她的父母却连对自己女儿的恩人说声“谢谢”的机会都没有，于是他们便开始寻找那位做完好事不留名的“雷锋”。他们整整找了20年，直至女孩的爸爸妈妈都相继去世后，女孩终于找到了那位“雷锋”。女孩当场对恩人下跪，在场的人都被感动得热泪盈眶。

人们的热泪不正是在赞美20年不忘恩情，苦苦寻觅恩人的那颗心，那种品德吗？不用演说，不用鼓吹，不需张扬，知恩的心、知恩的行为能够唤起多数人内心的感动。美德的力量是无形的，它教育我们要有一颗感恩的心。

在现实生活中，对每个人来说，最需要的不是一时涌泉的回报，而是平日里点点滴滴的情义。所以，千万别吝惜付出滴水之恩。施恩不一定要做得惊天动地，有时候，一杯水、一块面包或者只是一元钱都能给人以温情，使人心存感激。

学会放下，给心灵洗澡

每个人自懂事起都有自己的理想。从上学到成人、独立后，我们也都在为心中的理想而奋斗。有理想、有抱负，这是积极的人生态度。但是我们在追求中往往会迷失自己，渐渐地与当初的理想相背离，而背负起许多欲望。

“欲壑难填”，当我们挣扎在欲望中时难免心累、神疲、身衰。

经商的人，赚到百万，梦想着千万；从政的人，当了县长，还想当市长；赌博的人，赢了这次，还想赢下次……结果越是放不下，越是想得到更多，反而会失去更多。这时候就应该选择适当放下。放下是一种洒脱，更是积极的人生态度。放下身外之物，放下不必要的重负，生命当下就会得到解脱、喜乐与平静。放下不是放弃，不是贪图安逸，是权衡与取舍；是让你一切随缘，一切莫强求；是让你脚踏实地，一步一个脚印地生活、工作。

曾经有一位非常有道行的静修道长，每天都要在傍晚时去喂他的狗。他的狗的名字很奇怪，叫作“放下”。每到日落时分，静修道长就为“放下”送饭了，嘴里还一边呼唤着：“放下！放下！”

弟子们觉得很奇怪，就问道长：“为什么要给狗起这么奇怪的名字，人家的狗都叫阿黄、来福什么的，为什么您的狗叫‘放下’?”静修道长不语，让他们自己去悟。弟子们就观察老道长，终于发现：每天当道长喂完狗后，就不再读经学道了，而是到院中打打太极拳、看看日落，总之是闲适地享受生活。弟子们来到老道长面前，讲述了他们观察的收获。

老道长微笑地点点头说：“你们终于明白了。其实我在叫狗的时候，也是在叫自己‘放下’，让自己放下许多事情。因为人不可能在一天内做完所有的事情，你只要将一天中最重要的事情做完就已经很好了。”

在人的一生中，每一段缘起缘灭，每一段经历波折，无不留下欢喜和泪水，遗憾与伤痛。只有我们坦然面对，才可能抚平伤口。当一段感情已不可能再挽留，当一个理想已不可能再实现，那么只有果断地放下，重新开始，从头再来。

执着一直是社会所提倡的，比如对爱情的执着，对事业的执着。但是，有些东西是不能执着的。比如，不愿让别人觉得我们平庸，不甘心让竞争对手超过我们，不想让同事看到我们工作中的失误，不好意思让别人察觉我们个性中的软弱……我们越努力，反而越不快乐、越不坦然。甚至，我们都不能从容享受成功带来的喜悦。

我们把生命都消耗在紧张焦虑的奋斗上，消耗在讲求速度和打拼的旋涡中，消耗在竞争、争取、拥有和成就上，永远以身外的生活和先入为主的偏见让自己喘不过气来。

在这里，执着是褊狭地进取、盲目地前进，是由于太在乎而患得患失的心态。这是不可取的。这一切，全是因为我们没有放下。

一个在城里打工的农民工下班后，一手扛着铁锹，一手提着一瓶二锅头和一包花生米，哼着小曲儿回家，这时的他可能怀着很好的心情；而一个坐在高档酒店包间里，吃着鱼翅，喝着名贵洋酒的老板的心情可能很糟糕。这说明幸福的感觉同物质、同档次是不成正比的，关键在于人的心态，也就是能否从容地“放下”。

勿拿借口安抚自己的心灵

生活中有太多的无奈与失落，次次失败都有无数个借口，找无数个借口来弥补自己的过失缺陷，借口就这样成为人们找来安慰自己的唯一方法。如果没有借口又何能填满自己心田的过失呢？如果没有借口何能安慰飘飞的心灵呢？如果没有借口何能解脱自己心灵挫折之伤呢？

可是，借口的危害也是无比巨大的，它会在不经意间慢慢地蚕食掉我们的诚实和自信、我们的热情和积极性、我们的责任感和危机意识，最终危害我们的执行能力。在经营事业和工作的过程中，借口常常是行动者的绊脚石。所以，对待“借口”，我们的态度应当是坚决地摒弃。

在生活和学习中，借口常常是我们不能拿出有效行动的障碍。借口的实质就是推卸责任，任何借口都是如此。在责任和借口之间，选择责任还是选择借口，不仅仅体现了一个人的人生态度，还体现了一个人的品格。

经常找借口的人，肯定是一个不负责任的、拖拉的人。这样的人在困难面前唯唯诺诺，没有勇气，简直就是一个懦夫。

有些人遇到困难或者有了问题，特别是难以解决的问题时，就会变得懊恼万分，从而会想法去找借口。一旦找到合适的借口，就不会再有积极向前的行动了，所做的事情就半途而废了。其实说到底，借口就是一块敷衍别人、原谅自己的“挡箭牌”；就是一台掩饰弱点、推卸责任的“万能器”。有些人宁愿把自己宝贵的时间和精力放在如何寻找一个合适的借口上，也不愿意主动承担自己的职责和责任，而去积极进取。

任何人的成功都来自于自觉自愿地去寻找机会、发挥创造力。如果你只会坐井观天、守株待兔，那么你永远只能是井底之蛙，永远逮不着那千万分之一概率的兔子。

那些甘于沉沦和平庸的人最终会沉沦和平庸下去，而那些主动执行、善于创造机会的人，则能从最平淡无奇的生活中找到一丝微弱的机会，他们用自身的行动改变了他们的处境。他们或者成为发明家，或者成为政治家，或者成为老板、企业家，甚至成为领导一个国家的领袖、富可敌国的富豪。

巴顿将军在他的战争回忆录《我所知道的战争》中曾写到这样一个细节："我要提拔人时常常把所有的候选人排到一起，给他们提一个我想要他们解决的问题。我说：'伙计们，我要在仓库后面挖一条战壕，8英尺长，3英尺宽，6英寸深。'我就告诉他们那么多。我有一个有窗户或有大节孔的仓库。候选人正在检查工具时，我走进仓库，通过窗户或节孔观察他们。我看到伙计们把锹和镐都放到仓库后面的地上。他们休息几分钟后开始议论我为什么要他们挖这么浅的战壕。他们有的说6英寸深还不够当火炮掩体。其他人争论说，这样的战壕太热或太冷。如果伙计们是军官，他们会抱怨他们不该干挖战壕这么普通的体力劳动。最后，有个伙计对别人说：'让我们把战壕挖好后离开这里吧。那个老畜生想用战壕干什么都没关系。'"

最后，巴顿写道："那个伙计得到了提拔。我必须挑选不找任何借口完成任务的人。"

格兰特纳是美国的成功学家，他曾说过这样一段话："如果你有自己系鞋带的能力，那么你就有上天摘星的机会！一个人对待生活、工作的态度是决定他能否做好事情的关键。"

但是，在生活和工作中，一个人总是有这样或那样的借口，而且，这些借口有时会变成一些人不能做某事或做不好某事的"堂而皇之""合情合理"的理由。

做不好一件事情，完不成一项任务，都有成千上万条借口在那儿响应你、声援你、支持你，抱怨、推诿、迁怒、愤世嫉俗成了最好的解脱。找到借口能把自己的过失掩盖掉，因此可以换取心理上暂时的平衡。但长此以往，因为有各种各样的借口可找，人就会疏于努力，不再想方设法争取成功，而把大量时间和精力放在如何寻找一个合适的借口上。这样的人，注定只能是没有勇气、胆小怕事的懦夫。

借口是一块绊脚石，拥有借口的人往往迷失于自己的思想中，倒在借口上，从而使自己停滞不前，一味地在借口上添笔加墨，从而让自己在借口中沉沦。所以，在生活中我们不要拿借口安抚自己的心灵，学会找方法。

责任：心灵的“沙粒”

责任感是一种习惯行为，是衡量一个人成熟与否的重要标准；责任感是一种很重要的品质，是做一个优秀的人所必需的；责任感是健全人格的基础，是能力的催化剂；责任感是一个人安身立命的基础，当他具有了某些能力时，就要对相应的事情负责。一个充满责任感、勇于承担责任的人，会因为这份承担而让生命更有分量。

人生好比一次旅程，从拥有生命的那一刻起，我们就载上了一种叫生存的使命与责任，这不仅仅是为我们的生存负责，更是为其他人的生命负责。这样，负责的灵魂就能闪耀出异常夺目的光辉。在危难的时刻，责任感甚至可以挽救一个人的生命。

有一支由业余登山爱好者组成的登山队，他们决定对世界第一峰——珠穆朗玛峰发起进攻。尽管人类攀登上珠峰已经不止一次，但这却是他们的第一次，队员们表现得激动而又有信心，相信征服珠穆朗玛峰的日子指日可待。

经过考察，他们选择了天气晴朗、自己状态也很好的一天出发了。第一天，队员们基本适应了高原缺氧的情况，彼此互相照应，攀登一直很顺利，没有遇到什么问题，并且在预计时间内到达了1号营地。因为一个良好的开端，就等于成功了一半，队员们个个都很兴奋。

不料，第二天天气骤变，风云大作，还开始下雪。考虑到大家的生命安全，登山队长征求大家的意见，询问要不要回去，毕竟生命只有一次，登山的机会可以再找。但是大家都不想回去，继续攀登来迎接对生命极限的挑战。

于是，登山队继续小心翼翼地前行。尽管环境很恶劣，但是队员征服自然，征服珠穆朗玛峰的信心依然十足。“队长，你看！”一个队员突然大喊一声，大家循声望去，原来在离他们很远的地方发生了雪崩。虽然距离不近，一名队员还是受雪崩的巨大冲击力的波及，突然滑向另一边的山崖。幸好，在快落下山崖的危急一刻，他的冰锥紧紧地插进了雪层里，但危险还在，他随时都有可能被雪崩的冲击力推下去。

这名队员正在生死边缘徘徊，情况变得越来越危急！其他成员想来营救山崖边的队友，但是同样面对可能被雪崩的冲击力推下山崖的危险。最后，已经没有犹豫的时间了，登山经验丰富的队长决定利用大家的力量，勇敢一试。大家把冰锥都死死地插进雪层里，然后用绳子绑住队长，队长系着绳子滑向悬崖边。在他拼命地拉住了抱住冰锥的队员后，示意其他队员使劲把他俩往上拉。就在下一轮雪崩冲击到来之前，大家齐心合力救出了这名队员。经过了生死的考验，大家变得更团结、更坚强了。

最终，登山队征服了珠峰。站在山峰上，他们把队旗插在山峰的那一刻，也把他们的荣誉和责任留在了世界上最纯净的地方。后来，队长说：“当时我也非常恐惧，知道随时可能尸骨无还，但我认为，我有责任去救他，我必须这么做。责任的力量太大了，它战胜了死亡和恐惧。真的。”

责任可以战胜死亡和恐惧，可以让一个人变得勇敢和坚强。面对困难和危险，牢记心中的责任，你就能够从中汲取战胜困难的勇气和力量。即使是在日常生活中，责任感也同样能够让平凡的生命展现出动人光亮的一面。

怀特先生在市郊买下了一套新居。迁入新居几天后，有人敲门来访，怀特先生打开房门一看，外面站着一位邮差。

“上午好，怀特先生!”他说起话来有种兴高采烈的劲头，“我的名字是麦克，是这里的邮差。我顺道来看看，向您表示欢迎，介绍一下我自己，同时也希望能对您有所了解，比如您所从事的行业。”麦克中等身材，蓄着一撮小胡子，相貌很普通。尽管外貌没有任何出奇之处，他的真诚和热情却溢于言表。这真让人惊讶：怀特先生收了一辈子的邮件，还从来没见过邮差做这样的自我介绍，但这确实使他心中一动。

一天，怀特先生出差回来，刚把钥匙插进锁眼，突然发现门口的擦鞋垫不见了。难道连擦鞋垫都有人偷？不太可能。转头一看，擦鞋垫跑到门廊的角落里了，下面还遮着什么东西。事情是这样的：在怀特先生出差的时候，快递公司误投了他的一个包裹，放到沿街再向前第五家的门廊上。幸运的是，有邮差麦克。看到怀特的包裹送错了地方，他就把它捡起来，送到怀特的住处藏好，还在上面留了张纸条，解释事情的来龙去脉，又费心地用擦鞋垫把它遮住，以避人耳目。

麦克不仅仅是在送信，他现在做的是别人分内应该做好的事！他的行为使怀特先生大为感动。麦克是一个金光灿灿的例子，人性化的贴心服务正该如此，他为所有渴望在工作中有所作为的人树立了榜样。

这名普通的邮差具有一种难能可贵的品质，那就是负责。他把自己的工作做得有声有色，秉承一种对客户负责的态度，他做到了最好。

责任就像心灵的沙粒，它促使我们的行动，限制了我们的自由。但终有一天，你会惊奇地发现，它已成为一颗珍珠，给我们的生命增添了无限的光彩!

心灵驿站

给心灵做个小测验

做个小测验，看看你是不是爱找借口的人？也适时提供你一些有用的建议。

测验开始：你平常和自己的男（女）朋友约会经常迟到吗？

A. 我通常早到，比较少发生

B. 时间应该充裕，可是总会不小心耽搁

C. 我比较没有时间观念，迟到常常发生

答案：

选 A 的人【借口指数】30%

你对自己的实力很有信心，不需要额外的力量来包装自己，所以就算是犯错，你也很能够承认自身的错误，不会找借口牵拖。

选 B 的人【借口指数】50%

平常小事偶尔犯错自是无伤大雅，可是关键就在于某些很重大的事情发生问题时，当时你选择的判断态度。你喜欢建立自己某方面专业的形象，可是却往往没考虑到失败及犯错的风险，使得“千年道行一朝丧”，因为在很重要的时刻推脱责任而使得大家瞧不起你。人非圣贤，不要把自己神格化自然能以平常心看待。

选 C 的人【借口指数】80%

你推脱责任的功夫似乎已经上了瘾，成了习惯之后，就算是小事情你也喜欢找理由为自己辩护，就算心里不喜欢这样的自己却怎么也改不掉。别人嘴巴虽然不说，可是却会从心里不相信你这个人，也会让你错失很多工作或是各方面的机会。要补救就最好建立自己在专业领域的权威与信心，才可能逆转旁人对你的态度。

第三辑

活出全新自我：学会在心灵牧场上放逐

第九章

心灵鸡汤：给所有情绪低落的人

人生在世，喜怒哀乐皆情绪。情绪无时不有，无处不在。情绪的好坏直接影响着我们的生活质量。那些令我们筋疲力尽的东西通常不是某件事情本身，而是事前事后患得患失、大起大落的致命情绪。任何人都不可能永远事事如意、一帆风顺，情绪有跌宕起伏再正常不过。问题是怎样控制好我们的情绪？怎样营造好情绪，转化坏情绪？毕竟，我们需要做情绪的主人，而不是情绪的奴隶。

确认自己的情绪状态

情绪的概念是由拉丁动词"motere（行动、移动）"衍生而来，表示促使个体采取某种行动的趋力，它是个体受到某种内在或外在的刺激所产生的一种身心激动状态。

科学家阿维森纳，曾把两只孪生的小羊羔分别放在不同的外界环境中生活，一只小羊羔随羊群在水草地自由地生活，而在另一只羊羔旁拴了一只狼，这只羊羔时刻面临着那只狼的威胁，在极度惊恐的状态下无心觅食，不久便因恐惧而死。心理学家曾用狗来做嫉妒情绪实验：把一条饥饿的狗关在一个铁笼子里，让笼子外面的另一条狗在它面前吃肉骨头，笼内的狗在急躁、气愤和嫉妒的负面情绪状态下，产生了神经症性的病态反应。实验表明：恐惧、焦虑、抑郁、嫉妒、敌意、冲动等负性

情绪，是一类破坏性的情感，长期被这些情绪困扰就会导致身心疾病的发生。一个人在生活中对自己的认识与评价和本人的实际情况越符合，他的社会适应能力就越强，越能把压力变成动力。

中国古代有喜、怒、忧、思、悲、恐、惊的七情说，美国心理学家普拉切克提出了8种基本情绪论，即悲痛、恐惧、惊奇、接受、狂喜、狂怒、警惕和憎恨。一般而言，研究者比较认同人类具有四种基本情绪，即快乐、愤怒、恐惧和悲哀。

那么我们如何确认自己当下的情绪状态？

情绪状态是指在一定的生活事件影响下，一段时间内各种情绪体验的一般特征表现。根据情绪状态的强度和持续时间可分为心境、激情和应激3种情绪状态。

1. 心境

心境是具有感染性、相对稳定且能持续存在的一种情绪状态。我们通常会问朋友“最近心情好吗？”这其实就是在关心朋友的心境状态如何。当你处在一种心境之下，你就会不自觉地受到这种心境的影响，而以相同的情绪体验来观察和看待周围的人、事、物。

2. 激情

激情是一种爆发性的、强烈而短暂的情绪状态。暴跳如雷、捶胸顿足、勃然大怒、喜极而泣等都是这种情绪状态的外在表现。《儒林外史》中有一个“范进中举”的故事，当穷困潦倒的范进看见红榜上写着自己的名字时，突然“嘻嘻”一笑，拍拍手掌说道：“哇呀！我……我中了！”话音刚落便向后一倒，晕了过去。范进高兴得发了疯之后，幸亏他岳丈的手把他打清醒过来。美国体操选手雷顿本来是替补队员，在意外荣获奥运会冠军后兴奋得手足无措，只见她一会儿抱头痛哭，一会儿仰头大笑，一会儿又蹦又跳，不知用什么方式来尽吐心中的快意。可见，无论是高兴还是悲哀，都注意不要过度，在激情状态下，要避免冲动行为，尽量调控自己的情绪。

3. 应激

应激是在意外或突如其来的刺激下所产生的一种适应性反应。例如，当人面临抢劫、事故等危险或突发事件时，人的身心会处于高度紧张的状态，并由此引发一系列生理反应，如肌肉紧张、心率加速、腿脚颤抖、血压上升等。应激是人的正常生理与情绪反应，但这种反应时间不能过长，长时间处于应激状态会导致疾病的发生。

很多人都有这样的感觉：在自己做事的时候，都会不同程度地受到情绪的影响。情绪可带来伟大的成就，也可能导致失败，所以，我们要控制自己的情绪。首先应该了解对我们有刺激作用的情绪有哪些。这里可将这些情绪分为消极和积极两种，其中，消极情绪有七种，分别是恐惧、仇恨、愤怒、贪婪、嫉妒、报复和迷信。积极情绪也有七种，分别是爱、性、希望、信心、同情、乐观和忠诚。这十四种情绪，正是你人生计划成功或失败的关键，它们的组合，既能意义非凡，又能混乱无章，选择什么样的情绪完全由你决定。

可见，在我们的生命中，情绪总是伴随在我们的左右。若能恰当地调节情绪，这些经历可以为我们的生命增添色彩，成为生活中的幸福和享受。反之，情绪可能会成为我们的负担，侵蚀我们的生命。

然而，恰当地调节情绪并不意味着你要时时刻刻使自己快乐。实际上，那些负面的情绪常常为我们的成长提供了契机。为了成长，我们必须经历一个逐渐反省的过程。有了成熟的反省，我们才能经得起情绪的冲击，才能不做情绪的奴隶。

缓解情绪，拯救心情

情绪伴随人的一生，不仅影响着人们生活、学习和工作的效率，也对人的身心健康有着极大的影响。众所周知，一个人一旦拥有了稳定的情绪，就具备了事业成功的必要条件。好情绪是高智商的表现。在日常生活中，人们的行为往往伴随着情绪而发生。很多时候，人们并不能很好地控制自己，导致冲动、烦躁、烦闷和愤怒等不良情绪频频发生。

心理学家说过：“情绪情感是认知自我的镜子。人们一定要有清醒的自我认识，尤其是自己的精神状态，包括情感动机和性格习惯等。”有关研究表明，当一个人的情绪不好时，他身体的免疫力就会大大降低，很难抵御病毒的入侵，并因此形成各种疾病。

哈佛大学情商研究证明，倘若一个人长期处于糟糕的工作情绪状态，不仅会降低工作效率，经常造成工作中的失误，还会让自己陷入不良情绪的恶性循环之中。遭遇坏情绪的职场中人，应该学会及时进行自我情绪调整，否则，很容易引起恶性连锁反应，使自己置身于更加被动的局面。

相信大多数人都曾有过这样的感受：当自己的情绪处在谷底状态时，即使天上掉下来山珍海味，也不会食欲大增。这就是情绪对人体内部功能的影响。人处于烦恼、焦虑、悲痛的情绪状态中，会出现不同程度的食欲不振、胃功能受阻的现象。如果这些消极的情绪持续时间过长，就很容易引发一些消化道疾病。

鲁斯特是美国加州的一名高中生。暑假期间，他应表哥杰克森的邀请到姑妈家度假。整个暑假期间，兄弟俩做了许多志趣相投的事情，比如到离家不远的小河边捉鱼，到动物园记录各种动物的不同习性，到郊外的小山坡上追赶蝴蝶……这些全都是他们整个假期最津津乐道的事情，他们准备把这些快乐的时光记录在各自的暑期心得里，留作最美好的纪念。

欢乐的日子总是很短暂，眼看开学的日期就要到了。尽管杰克森再三挽留，鲁斯特还是不得不回到自己家，他们约定下个暑假鲁斯特再次来访。就在鲁斯特回家的前一天，恰好是他16岁生日。表哥杰克森决定给亲爱的表弟一个意外的惊喜，既是为他庆祝生日，还可以作为一个欢送仪式。

就在生日的那天晚上，鲁斯特和姑妈一家到公园散步，杰克森声称自己有事先回家了。然而，等鲁斯特和姑妈、姑父回到家里时，却发现家里漆黑一片。虽然他们都在不停地呼唤杰克森，仍然没有任何回应。这种情况让大家都感到十分紧张，因为最近姑妈家附近已经发生了多起入室盗窃案。姑父谨慎地掏出手枪，他会随时开枪制伏可恶的小偷。

门是虚掩着的，当姑父首当其冲推开房门的时候，杰克森已经点燃了火柴，并响起了熟悉的生日歌曲。然而，这小小的动静却刺激了姑父极度紧张和恐惧的神经，枪声几乎是在火柴划亮的同一时刻响起的，子弹无情地击中了杰克森的胸口……当所有的人都反应过来时，杰克森已经倒在了血泊中。

这件事情发生之后，鲁斯特的姑父和姑妈陷入极度的悲伤和痛苦之中，精神低落，萎靡不振。姑父还因为过度自责，在一个叶落风吹的夜晚自杀身亡。那个暑假成了鲁斯特最愉快也最不堪回首的记忆。

很多人在童年时，都曾有过被朋友孤立的经历。有些人性格开朗，主动去寻找新的朋友。有些人则性格内向，被孤立后觉得周围每个人都有敌意，每一个眼神都充满轻蔑和嘲讽。如果后者不主动改善自己的情绪，也得不到别人关注的话，就会很容易将委屈和疑虑转移到别人身上，把所有的不快乐都归咎于别人，最后放逐了自己。这些学生在校园里表现为失去学习能力，长时间沉浸在自己孤独的世界里，最终可能会因为难以承受世间的孤独而选择退学。

自20世纪80年代以来，各国儿童在情绪方面都出现了不同程度的问题。在社会交往方面，他们更喜欢独处，缺乏朝气，并对一些人和事物过度依赖；在心情方面，他们经常感到恐惧和忧虑，紧张与抑郁时时伴随着他们；在注意力方面，他们无法专心致志地做好事情，喜欢不切实际地幻想；在行为方面，他们通过打架和刻薄的语言来博得别人的注意，说谎成为家常便饭，并经常表现得脾气暴躁，易动肝火。

当人们压力过大时，会选择一些不健康的方式进行宣泄，酗酒和吸毒并不鲜见。这些依赖酒精和毒品的上瘾者实际上把酒精和毒品当成了良药，来缓解自己焦虑的情绪或者拯救自己的心情。

学会转移自己的坏情绪

生活中，我们难免会遇到一些不顺心的事情，不快的情绪如果未及时得到排解，将会有损身心健康。假如我们凡是遇上不顺心的事情，就将自己不快的情绪发泄到家人或朋友身上，又会伤害身边最亲近的人，甚至影响家庭或同事间的和睦关系。其实，当出现不良情绪时，可以将注意力转移到其他活动上，忘我地去干一件自己喜欢干的事，如练习书法、打球、上网等，从而将心中的苦闷、烦恼、愤怒、忧愁、焦虑等不良情绪通过这些有情趣的活动得到宣泄。

的确，情绪是一把双刃剑。当它被我们牢牢地掌握时，就成为我们驯服的奴隶，我们便随时可以让坏情绪远离我们。无论顺境逆境，或成功失败，或得意失意，我们始终能保持冷静的头脑从容面对，泰然处之，体现修养和品质。但当情绪占据了我们的生命而挥之不去时，我们便沦为了情绪的奴隶。此时，坏情绪可能使我们变得盲目、冲动、急躁、易怒，生活的常规被改变，人生的帆船在飘摇，于是失落、伤感、沮丧、绝望接踵而至，甚至歇斯底里，我们最终被情绪逼近了死胡同。其实，谁都有坏情绪，面对坏情绪，只要我们调节，就能及时消除，其中，重要的方法之一就是转移法。

坏情绪是影响人际关系的“无形杀手”，然而，我们却无一例外地受七情六欲的影响和支配，会被各种情绪所困扰。我们要学会转移，通过其他行为转移自己的注意力，而逐渐淡化情绪。

每个人都会对身边的事情产生一些负面情绪，但自控能力强的人善于以正确的方式排解心中的不快，而不是将情绪传染给身边的人，让他们成为我们情绪发泄的对象。面对情绪，我们可以通过开展视野的方法，把情绪放走。

小彭和小李在同一家公司上班，两个人关系很好，可是两个人在公司的人缘却不一样，小彭在公司里的人缘很好，待人和善，同事几乎没人看她生过气。可是，小李却是个把喜怒哀乐都挂在脸上的人，为此和很多同事都闹过矛盾。小李不知道小彭是怎样做到有这么好的修养的。

有一次，小李准备去小彭家玩，却发现她正在顶楼上对着天上飞过来的飞机吼叫，于是就好奇地问她原因。

她说："我住的地方靠近机场，每当飞机起落时都会听到巨大的噪声。后来，当我心情不好或是受了委屈、遇到挫折，想要发脾气时，我就会跑上顶楼，等待飞机飞过，然后对着飞机放声大吼。等飞机飞走了，我的不快、怨气也被飞机一并带走了！"

怪不得她的脾气这么好，原来她知道如何适时地宣泄自己的情绪。这下子小李明白了，小彭还告诉小李很多发泄自己情绪的方法，比如，到无人的地方大声呼喊、看书等，从而不把这些情绪带到公司和其他场合。

从此以后，小李就尝试着用这些办法发泄自己的不良情绪，果然，这些方法很有效，小李为自己的不良情绪找到了一个出口，把心中堵塞之处疏通了。很多时候，她带给大家的是欢乐，而不是不良情绪，她在公司的人缘一下子好了很多，她的修养也提升了很多。

故事中的小彭对于发泄愤怒情绪有自己的一套方法。的确，每个人都会产生不良情绪，比如，愤怒，这很正常，我们不要把这些情绪压抑在心中，因为一味地压抑心中的不快，只能暂时地解决问题，而负面情绪并不会消失，久而久之，就可能填满我们的内心世界，使我们的身心越来越疲惫。因此，除了自我调节和消化外，我们还应该给不良情绪找个宣泄的出口，让它尽快地释放出来，正所谓"堵不如疏"。

学会接受自己的情绪

情绪管理的一个重要步骤是接受情绪。情绪本身不受意愿的控制，它更像我们身体内的一个自然现象，说来就来，说去就去。例如，小孩子生气了，我们不要说："不许哭，否则拐卖孩子的人来抓你了。"这样，孩子的情绪不但没有被接纳，反而增添了恐惧。"男孩子怎么可以哭呢?"听了这样的话，孩子心里会产生愧疚感。"不要哭，警察来了!"这会使孩子产生罪恶感。要知道，一个小孩的自信，往往是被我们这些不懂得如何来爱孩子的父母所摧毁的。正确的做法是，允许孩子说出自己的感受，并用语言描述孩子的感受，取得他的认同并使他产生信任。

大多数情况下，我们都习惯了压抑自己的情绪。当情绪和自我认知不一致时，我们会觉得痛苦不安，然后倾向于否定自己的情绪，这种做法无形地给我们自身增加了很多压力。

在我们的文化中，对情绪有很深的误解。认为产生情绪对一个人的成熟、修养有所损伤，所以，希望人们最好不要有"情绪"。其实，情绪是人类再自然不过的反反状态。所以，在我们识别了情绪的真相后，就要进一步学会接受情绪。所谓接受，就是不加指责地承认情感的真实性，不加指责地承认自己有产生和表达这种情感的权利。

虽然我们的某些情绪产生的原因是不当的，某些消极情绪是不值得肯定或赞同的，但我们首先应该接受它。因为只有接受情感，才能让他们把内心的情绪充分发泄出来，才能冲淡我们的消极情绪，减轻内心的焦虑和不安全感，最终有利于情绪重建和情感表达，形成积极的情感状态。

如果你已经能够接受自己的情绪，那么，问题就过渡到了下一步——用合适的方式表达情绪。但是，有很多人都认为情绪表达是有失风度的一种不稳重的行为，他们希望自己很成熟，什么事情都能藏在自己心里。但这是一种不负责任的做法。不管是谁，都应该学会表达自己的情绪，原因如下。

第一，情绪没有表达出来，你无法对周围的人传递内心信息。信息被困在心中，就像戴着面具一样，而情绪最终是要表达出来的，到时你可能失去控制。

第二，情绪没有表达，就剥夺了自己获得所希望的结果和行为的机会。比如，你感到喜欢某人时，如果不表达出来，可能就会失去相互欣赏的机会。

第三，情绪的积累会产生身体上的压力，最后会以疾病的方式表现出来。

第四，不表达自己的情绪，别人就无法了解你。情绪是个性的一部分，你关闭了情绪表达的大门，同时也就关闭了与朋友、家人、同事心灵接近的机会。

所以，我们有充分的理由表达自己的情绪，也更有义务教导孩子表达自己的情绪。

表达情绪不仅对于个人很重要，而且在一个企业中，也能达到很好的效果。

哈佛大学心理学系的梅约教授曾经组织过一个“谈话试验”。这个试验的具体做法就是：专家们找工人进行个别谈话，并且要求在谈话过程中，专家要耐心倾听并记录工人们对厂方的各种意见和不满。另外，对于工人的不满意见，专家不准反驳和训斥。这一实验研究需要经过两年的时间。在这段时间里，据有关资料统计，专家们谈话的工人总数可能达到两万多人。

结果他们发现：这两年以来，工厂的产量大幅度提高了。经过研究，他们给出了原因：在这家工厂，长期以来工人对它的各个方面有诸多不满，但无处发泄。“谈话试验”使他们的这些不满都发泄出来了，从而感到心情舒畅，工作积极性提高。

表达情绪没有正确和错误之分，问题的关键在于如何选择表达的具体方式。我们要知道，不管情绪多么强烈，伤害他人或自己的过激行为都是不合适的。一个有消极情绪的人要寻找适合自己的情绪疏通方式，比如倾诉、弹琴等。很多父母让孩子用“写日记”的方式来整理情绪。事实证明这是一种很好的表达情绪的方式。

给愤怒的情绪装个安全阀

在日常生活中，很多人都愤怒过，这是人受到某种刺激时所出现的情绪反应，如路遇歹徒殴打老人，会马上怒发冲冠，上前帮忙；看到小偷在偷女士的钱包，也会怒喝一声，将其揪出来；听说某某贪污腐败了，又会疾恶如仇，痛骂“蛀虫”等。可以说，这是愤怒展示出的积极一面，值得提倡。

有一位经理，早上起床晚了，发现上班就要迟到了，便匆匆忙忙开着车赶往公司。一路上，为了赶时间，他一连闯了几个红灯，终于在一个路口被警察拦下，并给他开了罚单。

如此一来，上班也迟到了。到了办公室，经理见到桌上还放着几封昨天就交代秘书寄出去的信件，更是愤怒不已，叫来秘书，劈头就是一顿痛骂。

秘书挨了一顿莫名其妙的骂，拿着没有寄出的信件，走到总机小姐面前，同样是一顿狠批。她责怪总机小姐，昨天下班前没有提醒她寄信。

总机小姐被骂得心情很坏，便找来公司里最低职位的清洁工，借题发挥，对卫生状况没头没脑地又是一阵声色俱厉的指责。

清洁工找不到人可以再骂，就只好憋着一肚子闷气。待到下班回家，看到上小学的儿子正坐在地上看电视，帽子、书包、零食，弄得满地都是，正好抓住机会，好好教训了儿子一顿。

儿子看不成电视了，气鼓鼓地回到自己的房间，看到家里的猫正卧在房门口，儿子怒由心起，狠狠地踢了猫一脚，差点把猫踢飞。

无故被踢的猫，一定百思不解：“我这又是招谁惹谁了？”

情绪是可以传染的，特别是坏情绪，如果事例中的任何一个人能够心平气和地面对别人发脾气，合理地处理好自己的情绪，怒气就不会到处散播，也不会使那么多人无故受到怒气影响而坏了自己的情绪。

做人不要小肚鸡肠，要有“宰相肚里能撑船”的雅量。为人处世，多看他人长处优点，来弥补自己的不足，即使一时受到误解，也莫“以眼还眼，以牙还牙”。能忍为上，宽容为贵。有了广阔的胸怀，就会目光远大，以事业为重，考虑的是人生有意义的大事，而不去斤斤计较非原则的小问题。这样，即使面临令人尴尬的事也不会雷霆震怒了。

“生气是拿别人的错误惩罚自己”。如果任凭自己的怒火放纵，那么就等于在浪费自己的精力和生命。人生苦短，我们不应该因为小事而愤怒，值得我们在乎的事情还有很多，如果一味地把时间浪费在愤怒上，以至于没有精力和心情去做其他的事情，那才是真正的愚蠢。

“风平而后浪静，浪静而后水清，水清而后游鱼可数”。这是怒气消解后的至高境界。试想一下，如果我们从始至终一直保持“水清而游鱼可数”的情绪状态，那么怒气便无从发起，这会减少不必要的身心损耗。不生气、不愤怒的平和情绪状态是最好的，而这时人的神情也是明澈而安宁的，不仅给人好印象、好感觉，自己也会受益匪浅。如果你是一个容易暴怒的人，怎样保持冷静呢?

1. 监视自己的心率

控制情绪爆发有多种策略，其中一个方法就是注意你的心率，它是衡量情绪精确的尺子。当一个人的心跳比平时加快了 10% 的时候，他就该稍事停顿。当心跳快至每分钟 100 次以上时，休息一下至关重要。在这种速率下，身体分泌出比平时多得多的肾上腺素，我们会失去理智，变成好斗的恐龙。记住，血液充斥手、脚和舌头而大脑供血不足时人就会表现得愚蠢。有趣的是，适当的刺激可以像体育锻炼一样提高我们的心率。

如果自知在与人纷争时易于狂怒，你可以在平时就训练注意自己的心率。当发觉心率已达到危险范围时，就应当暂停一下，离开现场，直到心跳慢下来，平复一下激动的情绪，彻底冷静之后再恢复谈话。

2. 平静你的心情

当你暂停时，可以选用以下方法平静心情。

（1）深呼吸，直至冷静下来。慢慢地、深深地吸气，让气充满整个肺部。把一只手放在腹部，确保保持正确的呼吸方法。

（2）自言自语。比如对自己说“我正在冷静”或者“一切都会过去的”。

（3）有些人在进行激烈的体育运动之后会感觉头脑冷静下来，可以重新进行激烈的辩论。试着跑跑步或快走一会儿，要么换好衣服去健身房锻炼一下。

（4）有些人采用水疗法。洗个热水盆浴，可能会让你的怒气和焦虑随浴液的泡沫一起消失。

（5）想着不愉快的事，同时把你的指尖放在眉毛上方的额头上，大拇指按着太阳穴，深吸气。这样做只要几分钟，血液就会重回大脑皮层，你就能更冷静地思考了。

疏导消极情绪，卸下心灵重负

生活中，我们难免会有各种各样的情绪随境而生。心中愉快时，我们就会开怀大笑；心中愤怒时，我们就会横眉竖眼；心中伤感时，我们就会泣涕涟涟。这些都是情绪的表达，仿佛也是我们与生俱来的技能。但是情绪有时候也会让我们十分苦恼，一些坏情绪干扰了我们的行为与生活，也给我们带来很多负面影响。

洪伟，某大学二年级学生，最近因失恋而憔悴不堪。原来，他是个性格内向、腼腆、思想也挺单纯的男孩子，很少与异性交往、接触。上大学后，由于文学写作功底较好，便加入了学校的文学创作社，半年前与同社的一个女生在学习和工作中彼此产生了好感，而且那女生积极主动地追求他。一开始，他还出于羞怯心理而没有答应，但该女生的追求更加执着热烈，终于，他们确立了恋爱关系。洪伟全身心地去爱对方，感觉自身的性格也活跃起来，学习、工作的劲头也比以前增强了。他沉醉于两人长久相爱的幸福想象中。然而，不到半年，那女生开始变心，以恋爱会影响学习为由减少和他见面的机会，最后提出与他分手。为此，洪伟感到非常痛苦，他的情绪由此变得抑郁、消沉，觉得干什么事都没有了动力和兴趣，经常一个人到处游荡，常常旷课，还辞去了在文学创作社的部长职务。他经常骑车到离学校不远的水库，一坐就是半天，望着美丽的夕阳，他有时甚至想一死了之。

如果洪伟无法从这种消极情绪中走出来，就无法开始新的生活。生活中还有许多种消极情绪，它们都是心灵的重担，是导致压力的原因之一。你应该把自己的消极情绪扼杀在摇篮中，化消极为快乐，你才能理性地看待问题，激励自己继续前进。

你可能会产生以下的误解：要想快乐地生活，最好的办法就是完全远离令人痛苦的情绪。然而事实并非如此。任何一种情绪自有它产生的道理，它命令你提起精神来应付困难——可能要对付你暴怒的同事，你的自我挫败感，或是你那百般刁难的上司。如果你忽略情绪，它会愈演愈烈，直到你不得不给予重视。当一种消极情绪侵入你的内心时，你应即刻阻止它的发展，并反思一下它产生的缘由。

不要强迫自己总是保持情绪高昂，偶尔的低落也属于正常情况。不要沉溺于某种情绪中不能自拔，而要采取相应的解决措施。你可以试着尝试采用以下办法来疏导你的情绪。

1. 诚实面对消极情绪

当你觉得犯了错，你就会感到愧疚和自责。这本身对你是有益的，因为如果你感到愧疚，就会停下再深思熟虑一番；在事后感到愧疚，或许你还可以进行补救。然而，如果你对任何事都抱有愧疚感，或总是不能摆脱对往事的自责，那问题就严重了。如果是这样，试着想象一下那件让你愧疚的事是发生在别人身上的，从一个更为客观的视角看看自己应该承担什么责任，是否有必要感到愧疚。

2. 采用自我镇定法

一旦感知某种情绪的产生，可以运用自我镇定法，让自己置身事外，理顺自己的思绪。首先，让身体保持舒适的坐姿，闭上双眼，做3次深呼吸。然后，集中精神默念你喜爱的歌词，或是从100倒数到1，让自己镇定下来。心情平静以后，你会发现自己的思路更为清晰，之前的问题也就不那么棘手了。

3. 控制情绪，缓解痛苦

给自己20分钟的时间忘却自己的情绪问题，然后你就能恢复到正常的心理状态。

如果你处于巨大的痛苦中实在无法摆脱，那就彻底地宣泄一番来求得解脱。你可以在内心对自己倾诉，或是找个无人的角落大哭一场，甚至可以有意识地夸大你的感受，尽可能地宣泄你的消极情绪。

当你感觉到好一点以后，看看你花了多长时间，然后，尽管听上去有点不合逻辑，至少再花相同的时间继续发泄。你会意识到，一旦经过彻底宣泄，痛苦的感情就会退去，你的理智终将战胜情感而占上风。

要记住：你可以以其矛攻其盾，利用其本身激发的能量来克服它，而不要压抑自己的情感。当你感到怒火中烧时，就去打一场球赛，或者找一位善解人意的朋友倾诉你的感受，这样可以宣泄你的愤怒。

4. 探究消极情绪产生的根源

对于消极情绪，你必须探究其产生的根源，而不能置之不理。你可以用花在情绪上的精力转而去探究产生情绪的缘由。

心灵驿站

扔掉坏情绪的包袱

每个人都会有自己的心事，但当心事积压在内心的时间过长时，就会造成非常严重的心理压力。那么，你有严重的心理包袱吗？

根据自己的真实想法回答下列问题，你可以选择：A. 从未发生；B. 偶尔发生；C. 经常发生。

①总觉得自己的学习压力非常大，这让自己很烦恼。

②觉得自己的时间非常宝贵，以前浪费了好多。

③之前做事太过莽撞了，现在自己非常内疚。

④因为事情做得不够完美，自己会非常难受。

⑤非常在意身边的人对自己的评价。

⑥和家人沟通时非常容易发脾气。

⑦总是不能够耐心地听别人把话说完。

⑧经常性头疼，难以治愈。

⑨你经常需要吃零食来缓解自己的情绪。

⑩当自己游玩时会觉得自己不应该享受。

评价标准：

选 A 计 0 分，选 B 计 1 分，选 C 计 2 分。

心灵解析：

总得分 0～4 分：你的心理包袱不是很大，但是你的生活比较沉闷，没有什么新鲜感，所以说你也没有什么动力。

总得分 5～8 分：你的心理包袱一般，有时候也许会因为一些事情而感到压力非常大，但是很快你就能够调节过来。

总得分 8 分以上：你的心理包袱比较大，一些小事就可以让你有很大的心理负担，你现在必须马上进行心态的调整。

第十章
放松心灵：给紧张的内心松松绑

每个人的情绪都是会有波动的，应该主动摆脱消极情绪。当有什么事使你烦恼的时候，应当畅所欲言，不要闷在心里。当事情不顺利时，不妨避开一下，改变一下生活环境，可能会使精神得到松弛。

战胜恐惧，求得心灵和谐

人的情感是多种多样的，恐惧就是其中一种，但也是非常难以克服的。任何人来到世界上都不会是一帆风顺、称心如意的，他都会不得不面对这样那样的困难。有的人当知道这个困难必然会给自己带来毁灭或者是灾难的时候，他就会非常害怕，甚至寝食难安。严重的还可能惊慌失措，选择结束自己的生命。在现实生活中，当人们经历困难和危险的时候，最好的方法就是勇于挑战，把所有的事情都当作是上天对自己的“恩赐”，不经历风雨，怎么见彩虹？而且要时常进行积极的自我心理暗示，上天想要让一个人成功“必先苦其心志、劳其筋骨、饿其体肤”，只要乐观面对，什么问题都能解决。其实事实证明，当遭受恐惧的时候，可怕的并不是让人恐惧的东西，而是恐惧本身。

整日游荡在充满各种恐惧的世界里的人会呈现出一副布满焦虑和担忧的脸孔，在他的心目中，似乎人生就是永恒的失意。这真是一件令人惋惜的事情！

恐惧虽然阻碍着人们力量的发挥和生活质量的提高，但它并非不可战胜的。只要人们能够积极地行动起来，在行动中有意识地纠正自己的恐惧心理，那它就不会再成为我们的威胁了。

如果一个人面对令他恐惧的事情时总是这样想：“等到没有恐惧心理时再来做吧，我得先把害怕退缩的心态赶走才可以。”这样做的结果往往是把精神全浪费在消除恐惧感上。

恐惧纯粹是一种心理现象，是一个幻想中的怪物，一旦我们认识到这一点，我们的恐惧感就会消失。如果我们都被正确地告知没有任何臆想的东西能伤害到我们，如果我们的见识广博到足以明了没有任何臆想的东西能伤害到我们，那我们就不会再感到恐惧了。

弱者的害怕，是在害怕中充满疑虑；强者的害怕，是在害怕中仍然充满自信。害怕是人的正常情绪，压抑自己的恐怖心理只会令你更加手足无措；你可以害怕，但是不能输给眼前的敌人。

要想消除恐惧，就需要有勇敢的思想和坚定的信心。它们能够中和恐惧思想，减少或者消除恐惧的危害。我们应该都有这样的感受：无论是工作中还是生活中，如果一个人总是心神不定、过分忧虑，他是不可能做好任何事情的。即使是在做事情，他也不可能做到最好。

有恐惧感的人往往也会有软弱感，他们做任何事情都会觉得力不从心。为什么会这样呢？原因很简单，他们的思想意识与体内的能量不是同步的，而是处于分离的状态。如果他们能重新感到心力交融带给自己的快感和满足感，那么他们的心态就会越来越平和，到那个时候，他们就会感叹“人生真是太美好了”。如果这种状态一直保持下去，相信他们会越来越自信。

那些长期遭受不安或者是恐惧的人往往处于神经紧张状态。如果想要克服这种状态，最好的方法就是勇于作为，它能帮助人们从行动中获得活力与生气，恐惧心理也就渐渐被克服了。只要能够迈开第一步，相信此后在任何时候遇到恐惧心态都不会烦恼，而且也会知道如何去消除它。

产生恐惧并不会对他人产生影响，其最大的受害者就是自己。如果你被恐惧围绕，你会逐渐丧失自信心或者是战斗力，更可笑的是你还可能被根本不存在的危险伤害。如果在遭受恐惧的时候能够保持镇定，并且勇于消除它，那么你就会把恐惧的伤害降到最低。因此，当你在面临危险的时候，千万不能自己吓自己、乱了阵脚，而是要相信勇者无畏。只有这样，你才能不断发展，最终走向成功。

战胜恐惧是一件非常容易的事情，只要你的意识中想去做。消除自身的恐惧不能依靠别人，而是将希望寄托在自己身上，勇于向前，将各种困难踩在脚底下，做最好的自己。

恐惧症的心理调适方法

恐惧症又称恐怖性神经症，是以恐怖情绪为主要临床表现的神经症。恐怖对象有特殊环境、人物或特定事物，每当接触这些恐怖对象时即产生强烈的恐惧和紧张的情绪体验。患者神志清醒，明知在当时产生恐惧情绪不合理，但是一旦遇到相似情境时，就会反复出现恐怖情绪，无法自控，并且产生回避行为。脱离该情境，症状就会逐渐缓和直至消失，间歇期基本如常。

恐惧性情绪反应是一种具有自我防护、回避危害、保证生命安全的心理防卫功能，人皆有之。例如人们对黑暗、僻静处、高空环境、毒蛇猛兽都可能产生恐惧性回避反应。儿童、女性、胆小者和某些心理缺陷者，恐惧心理尤为明显。恐惧症患者呈现异常的、强烈的恐惧和紧张不安，假若不予以治疗，症状会越来越明显，恐怖对象和内容有泛化倾向，影响生活质量和社会功能。

走出恐惧症的“旋涡”并不是一件容易的事情，但也并不复杂，主要掌握好以下几种治疗方法。

1. 心理治疗方法

心理医生治疗恐惧症有许多种方法，常用的有认知疗法和行为疗法。

认知疗法是通过解释、疏导，告诉患者他之所以对某种物体、情境或人产生恐惧，是由于他自己的主观意念所致。如社交恐惧，就是自己的一种强迫性的消极观念占上风，总担心与别人谈话、交往，别人会嘲笑或看不起自己，不管事实上是否如此，总觉得很不自在、很尴尬、很恐慌。所以，要消除恐惧症，就要勇敢地面对引起恐怖的事物，学会控制、调节自己的恐惧情绪。

行为疗法主要采用系统脱敏法。所谓系统脱敏法也称缓慢暴露法，是一种常用的行为治疗方法。其基本原则是交互抑制，即每次在引发焦虑的刺激物出现的同时，让病人做出抑制焦虑的反应，这种反应就会削弱，最终切断刺激物同焦虑反应间的联系。采用系统脱敏法治疗恐惧症要求有计划、有目的地指导、鼓励患者去接触使他产生恐惧的人群、事物或情境，即使暂时会产生恐惧，也要忍受和适应，直到恐惧情绪全部消失为止。此法可以在医生指导下进行，也可以进行自我脱敏训练。

2. 药物治疗方法

药物治疗主要是针对恐惧症所引起的焦虑和忧郁情绪。三环类抗忧郁剂可以减轻空间恐惧症的症状，但停止服药则有较高的复发率。故药物治疗只是一种辅助疗法。

3. 饮食治疗方法

有一些食物含有类似于治疗恐惧症药物的成分，将有助于患者恢复自信。

（1）香蕉。香蕉含有一种被称为生物碱的物质，可以振奋精神和提高信心。而且香蕉是色胺酸和维生素 B_6 的来源，这些都可以帮助大脑制造血清素，减少产生忧虑情形。

（2）深海鱼。研究显示，全世界住在海边的人都比较快乐和自信，愿意与他人交往。不只是因为大海让人神清气爽，最主要是他们把鱼当作主食。无论是芬兰、英国、美国的研究都发现相同的结果。哈佛大学的研究报告指出，鱼油中的 Omega－3 型不饱和脂肪酸，和常用的抗焦虑性的社交恐惧症药碳酸锂有相类似的作用。

（3）大蒜。德国一项针对大蒜对胆固醇的功效的研究，从患者回答的问卷发现，他们吃了大蒜药丸之后，感觉不容易疲倦、不容易发怒，而且自信心增强。研究人员之前没想到大蒜竟然有这种特殊功效。

希望你可以用上面的方法，减缓并最终根除自己的恐惧症。勇敢地生活、勇敢地爱，你会发现世界上没有什么值得恐惧的，只是你的心在恐惧。

让紧绷的“情弦”放轻松

因为紧张，你挨了老板一顿批评；因为紧张，你错过了一个重要的客户；因为紧张，你没有把握好一次重要的谈判，从而失去了一笔巨大的财富……可见，消除紧张，迫在眉睫！

适度的紧张有助于激发潜力，但如果事事过度紧张，如临大敌，那么总有一天你会发现，简单的变复杂了，复杂的更复杂了，最后会到无以复加的地步。只有舒缓紧张的情绪，放松自己的心灵之弦，才能在人生的路上踏歌而行。

不可否认的是，现代社会是一个竞争激烈、快节奏、高效率的社会，这就不可避免地给人带来许多紧张和压力。适度的紧张，可以使你集中精力做事。但是，精神紧张过度，又不懂得调适，既不利于身心健康，又无益于生活和工作。因此，我们要在紧张的生活和工作之余学会放松自己。

> 第二次世界大战中，丘吉尔有一次和蒙哥马利闲谈，蒙哥马利说：“我不抽烟，不喝酒，到晚上十点准时睡觉，所以我现在还是百分之百的健康。”丘吉尔却说：“我正好与你相反，我既抽烟，又喝酒，而且从来都没准时睡过觉，但我现在却是百分之二百的健康。”蒙哥马利感到很吃惊，他认为：像丘吉尔这样的工作繁忙紧张的政治家，生活如果这样没有规律，怎么还会百分之二百的健康呢？

其实，这其中的秘密就在于丘吉尔能坚持经常放松自己，让心情始终很好。即使在战事异常紧张的周末他还是照样去游泳；在选举战呈白热化的阶段他还照样去垂钓；他刚一下演讲台就去画画等。工作再忙，再紧张，他也不忘在那微微皱起的嘴角叼支雪茄放松心情。

丘吉尔的生活和工作习惯，对于处于快节奏社会中的上班族来说，很有借鉴意义。现代社会，节奏很快，工作量很大，这是事实，也不可改变。长期这样下去，人难免会产生紧张、烦躁的情绪，那么就需要忙里偷闲，抽空放松一下自己，以消除自己的紧张情绪。当你感到情绪比较轻松后，再回到工作中来，就会发现工作效率大大提高了，心情也变得开朗多了。

发条永远上得十足的钟表不会走太久；马力经常加到极限的车不会开多久；绷得过紧的琴弦容易断；情绪日夜紧张的人则容易生病。因此，善用表的人不会把发条上得过足；善养车的人不会把车开得太快；善操琴的人不会把弦绷得太紧；善养生的人永不会使情绪日夜紧张。这都说明了调适紧张的重要性。而生活中的我们，更应该懂得这个道理，善于调节情绪，养护我们的健康。

“情绪如潮，越堵越高。”尤其是紧张情绪，越放松不下来，就会越紧张。不仅不能使你发挥出正常水平，反而会使你整天处于如履薄冰、战战兢兢的状态。这对身心健康，以及生活幸福都是有害无益的。

那么，如何来调适自己的紧张情绪呢？

1. 为他人做些事情

如果你感到紧张、烦躁时，那么不妨主动帮他人做些事。这样一来，不仅能和人沟通交流，解除心灵困惑，还能获得助人为乐的愉悦。你会发现，这种使人紧张、烦躁的情绪原来也会转化为动力。

2. 一次只做一件事

在时间很紧的情况下，最有效的方法就是集中精力先做重要的事，而且一次只做一件，把其他不太重要的先放一放，你就不会有一种应接不暇的紧迫感了。

3. 给别人超过自己的机会

竞争是有感染性的，你给别人超过自己的机会，是不会妨碍你前进的，而且你在别人的带动下会激励自己，不断前进。如此一来，你就不会为后面紧跟着竞争对手而紧张不已了。

4. 使自己变得“有用”

有时，紧张也是自己给自己制造的。比如，今天你给老板打招呼时他没有回应，你便以为是老板想解雇自己，而如芒在背，紧张不已。实际上，这都是你自己的想象。试想，如果你各方面条件都很优秀，业绩也很突出，你对公司很有“用处”，那还紧张什么呢？因此，让自己变得“有用”，便不会有多少紧张。

5. 学会以笑养颜，以笑养心

俗话说：笑是灵丹妙药。如果你感到很紧张，对眼前的人或事感到无所适从的时候，那么“担心不如宽心，穷紧张不如穷开心”，不妨找个机会大笑一阵。卡耐基说，开心大笑能帮人放松身心，克服害羞并祛除忧郁。因此，千万别低估了开怀一笑的魔力，它能有效地调整自己的情绪和心理状态，使你从容不迫地面对要做的事情。

安抚狂躁心情，松弛紧张神经

生活对我们的要求太高了，你得为各种各样的事情奔忙：总有东西要买、要看；总有事情要做、要安排；总有问题要面临、要解决。你需要注意的事情没完没了，从清晨的闹钟、深夜的新闻、可怕的最新健康威胁警告，到席卷全球的风暴。像大多数人一样，至少有些时候，你感到自己像个“狂躁症”患者：为了稍微控制似乎永无休止的混乱，繁忙的思绪填满了你的大脑，你在外面匆匆忙忙，在家里慌里慌张。

对你而言，无论是从身体、情绪，还是从心理的健康着眼，都有必要松弛一下紧张的神经。通过学习，你可以让这种疯狂的状态停下来几分钟，然后以饱满的精神更好地工作和生活。

1. 试一下“3 次呼吸法”

有一个极好的方法可以帮你做到，那就是“3 次呼吸法”。只需辨认出压力的迹象，你就可以随时随地使用这种方法。如果你感到不堪重负，那么停下来1分钟，告诉自己："我需要休息一会儿。"然后便休息，做3次呼吸，每一次都要全神贯注。首先，完全地呼气。其次，静静地、认真地观察下一次的吸气，感受气体在你身体内部的膨胀，对自己说："谢谢。"屏住呼吸片刻，而后让它缓慢地释放，心里想着："释放。"再重复这个过程2遍。不要欺骗自己，你有时间认真地、慢慢地、专注地做这件事。给自己1分钟感受呼吸的奇迹，然后再着手工作。如果每天都坚持这样做，你就会注意到自己对压力认识的转变：从没完没了地讨厌它的纠缠，到超然地接受它的客观存在。

2. 专注地行走

专注地行走很简单，只需在慢慢散步的同时，关注周围发生的一切。这是种很不错的活动，可以在街区、院子里或者工作场所附近的自然景区进行。开始时需要协调步伐与呼吸，每走一步便吸气或呼气一次，持续一段时间。同时，注意每只脚是如何接触地面的，胸腔是如何膨胀的，这么慢慢地走会不会使自己感到别扭。慢慢地，你可以将注意力转移到周围的景物上。你会惊奇地发现，有那么多细节都被自己平日忽视了。

3. 进行其他专注力练习

如果你喜欢专注地行走，你或许会喜欢太极、气功或是瑜伽。这些练习都需要高度关注身体的空间位置、移动方式以及运动与呼吸的协调一致。每种练习都不尽相同，你可以根据自己的喜好来选择。

学会给内心松松绑

生活中，我们应该多给自己松松绑，做到有张有弛，笑对人生。学会生活，这是一门科学，也是一门艺术。

世界上最恐怖的监狱是自己为自己所造的心灵监狱。我们经常看到走在路上的行人，神色匆忙，眉宇间透着生活的种种烦恼。难道生活真的让人如此痛苦吗？让我们给自己松松绑吧！除了自己释放自己，为自己找一个心灵出口，还有谁能让你从心里真正地恢复自由呢？

很久以前，一个国家在抓到窃贼时，拘禁的方法非常简单。他们抓到一个窃贼便在地上画一个圈让他待在里边，抓到一定的数量便把他们一个个从圆圈里拉出来排队押走。中国有一个成语叫“画地为牢”，它的意思与这一方法何其相似。所以，世界上最恐怖的监狱并没有铁窗和围墙。

人类的智慧既能在不自由中寻找自由，也能在自由中设置不自由。对有的人来说，心理的不良情绪就是一座监狱，各种情绪都成了层层铁窗，被关在里面的人天天为之郁闷。这些不良情绪，如果没有得到及时地释放，会让人始终无法解脱，有时甚至会导致严重的后果。

> 29 岁的外企销售经理小张从小学习成绩就很出色，她顺利从大学毕业后，进入某外企工作，从普通的业务员做到销售经理，收入很高。但是她却一直感觉心里很压抑，常常心烦意乱，甚至觉得生活没有乐趣。因为长久以来，她因工作繁忙而忽略了与男朋友的交流和相处，后来男朋友提出了分手，她非常痛苦，并且一直没有开始新的感情，一旦闲下来，她就会感到孤独和寂寞。而且，除了工作时，小张很少与人交往，心里的压抑和烦恼一直都得不到发泄和排遣。所以，小张的生活似乎有着截然相反的两面，在外人眼里她很出色，生活也很幸福，而只有她自己才知道自己心里有很多的烦恼，她感觉自己快要崩溃了，后来再也无法忍受的小张竟然在家中打开天然气阀门自杀身亡了。

其实，到底发生了什么大不了的事，让小张非得走上那条不归路呢？看得出来并没有发生什么大不了的事。她的工作很好，人也很出色，本来应该过着很幸福的生活，但却因为长期以来郁积在心里的情绪得不到宣泄，从而走上了那条不归路。如果她能及时地发现自己的心理问题，重视心理健康，不时给自己松松绑，将心中的各种不快发泄出来，那么也就不会发生这样的悲剧了。

所以，郁闷的时候，请舒一舒眉，为自己松松绑吧。除了你自己，没有人能让你恢复自由。

一位老板在医院进行诊疗时，医生劝他多多休息。这位老板非常愤怒地抗议道："医生，你不知道我有多辛苦！我每天承担大量的工作，没有一个人可以为我分担一丁点儿的业务。医生，您知道吗？我每天都得提一个沉重的手提包回家，里面装的是满满的需要处理的文件呀！如果我能休息，就不会那么辛苦了！"

"那么，为什么晚上还要批文件呢？"医生非常惊异地问道。

"那些都是必须处理的急件。"老板无奈地回答。

"难道别人不可以帮助你吗？你不是有助手吗？"医生问。

"当然不可以！只有我自己才能正确地批示呀！而且我还必须尽快处理完，否则公司就无法运营下去了。"

"这样吧！现在我开一个处方给你，你不妨照着做。"医生有所决定地说道。

医生给这位病人开处方——每星期空出半天的时间到墓地一次；每天散步两小时。病人看后非常惊异地问道："为什么要我去墓地呢？"

医生不慌不忙地回答道："因为我希望你可以四处走一走，看一看那些与世长辞的人的墓碑。他们生前也与你一样，认为全世界的事都得扛在双肩，可现在他们全都永眠于黄土之中，总有一天你也会加入他们的行列，但是整个地球依然会不停转动着，在世的人们仍会如你一般继续工作。我建议你站在墓碑前好好地想一想这些摆在眼前的事实。"

医生这番苦口婆心的劝说终于敲醒了老板。他依照医生的指示，转移一部分职责，放慢生活的步伐。他已经知道生活的艺术不在于急躁和焦虑，嘴里也不再抱怨"辛苦"了，可以说他比以前生活得更好了，当然事业也是蒸蒸日上。

这位商人能够一改过去辛劳而紧张的生活，重新开始新的人生，全在于他及时地醒悟，开始为自己松绑。其实，即便我们身处绝境，只要有为自己松绑的意识，就一定会找到新的天地。

茨威格在《象棋的故事》里写到一个被囚禁的人整天无所事事、度日如年，而获得一本棋谱后日子过得飞快。靠着那本棋谱，囚犯轻松愉快地把他的牢狱之灾化解掉了。他把“恐怖”的监狱当成自己发展的另一美好天地，痴迷于对棋艺的研究，并通过这种方法他为自己减了刑松了绑。

生活中真正进监狱的人毕竟不多，但有的人却像真正的囚徒一样把自己关在心灵的监狱里，不肯进行自我松绑、自我减刑。我们应积极努力地去寻找自己心灵的“棋谱”，如果找到它，学会为自己松绑，那么，你的人生将会十分成功。

缓解情绪的放松训练

我们的心灵和身体从实质上更趋向于一种安静、自然放松的状态，但日常生活的奔波、操劳、奋斗、竞争却常常使我们长期处于紧张焦虑中不能自拔。

在这里，我们将向读者展示如何获取一种深度的放松状态。当你的身体高度放松时，你就不会轻易受到外界的干扰和打搅，不论你做什么或经历什么，你会风吹不摇、雷打不动。

下面的放松方法，是根据名叫爱德蒙德的运动生物物理学家的理论进行，现在已被公认为一套行之有效、广泛采用的放松方法。但应提醒读者注意的是，当你在驾车、开机器或者做其他需要注意力高度集中的事情时，不要做这些放松训练。

当做放松活动之前，一般要有 20 ~ 30 分钟的时间不受他人的干涉和打扰。选择环境时要尽量做到周围没有噪声、没有干扰，能够舒适、随意地躺着坐着。还要避免其他的一些想法和念头来干扰自己，比如不应老是想“我应该做其他事情”，而应当想“放松能够使我在生活中各个方面的能力得到加强和提高”。

这个训练简单地说，就是使自己身体各部位的肌肉保持一段时间的紧张状态，然后再放松下来。每次你的肌肉由紧张再变为放松之后，你的全身就会体验到一种放松状态。

1. 手部的放松

让胳膊自然放松，然后攥紧两只拳头，持续10秒钟，让自己充分感受拳头和前臂的紧张状态。同时注意体会：10个指头对于两个手掌的压力；两个大拇指对于其手指的压迫，手背面被拉紧的皮肤以及突出的青筋；以及前臂感到的紧张等。10秒钟后，再做几下深呼吸。这样反复做数次，握拳、放松、呼吸，然后停下来，体会像波浪涌过流入手臂的那种轻快和放松。

2. 胳膊的放松

这里的胳膊不包括前臂在内。不用抬高手臂，绷紧肘与胳膊间的肌肉块，坚持10秒钟，充分体验胳膊两端的紧张感。要坚持住，精力一定要集中，同时做深呼吸。呼出气流时放松、再放松。最后完全松弛下来，感受那种像波浪涌过手臂间的轻松。

3. 肩膀的放松

让手臂自然垂直放松，然后将两个肩膀向耳朵方向抬起，抬得越高越好，坚持10秒钟。集中心思和精力，感受那种在肩膀和上背部肌肉的紧张状态。10秒钟后，做一次深呼吸，在呼出气的同时把肩膀放下，直到呼完气。当肌肉完全放松后，体会那种像波浪涌过自己的背部和肩膀的轻松感。

4. 额部的放松

闭上眼睛，尽量将眼眉抬高，越高越好，同时尽量让它们互相靠近。这时你会感到前额有些紧张。坚持10秒钟，集中心思，感受那种紧张。10秒钟后，做一次深呼吸，呼气时放松，直到呼完。体会那种肌肉彻底放松后，额头经历如波浪涌过后的轻松自如感。

心灵驿站

缓解情绪的冥想训练

找一个安静、舒服的地方，一张软软的沙发，或一把舒服的椅子，或一张舒适的大床，或者是铺了毯子的地板……舒舒服服地坐下来，轻轻地闭上眼睛，让你的背部随意地挺直放松。此时你可双目微闭，身体放松，然后调整呼吸，使呼吸规律、均匀、缓慢，摒除杂念，将注意力集中在一个物体、一个意象、一件事或一个单词、一个句子或自己的呼吸上，每次持续 10 ~ 20 分钟。

你要尽量将干扰控制到最低限度，将注意力放在呼吸上。

当思绪、感觉、意识和外界的声音进入你的冥想时，只要简单地接受它们就可以了，让它们单纯地从你的头脑中掠过，而不要加以任何判断，更不要受它们所影响。

如果你意识到自己的冥想已经被其他的因素所影响，你可以把注意力继续集中到呼吸上来。

公共汽车上冥想法如下

①在公共汽车上，靠椅背上坐好，挺直背部。腰带如果太紧，可稍微放松。两手臂轻松地放在两膝之上，手掌向上。

②做好准备姿势后，开始呼吸。首先用力吸气，分三次将气吐出。吐气时速度要慢，尽量收缩，鼓出腹部，以行呼吸，这就是腹式呼吸。呼吸要均缓、深沉。

③心中预计在到达 × × 站时，就要进入冥想，同时之前 5 ~ 10 分钟，要调整呼吸。

④意念集中于呼吸之上时，起初耳边尚能听到四周的人语，逐渐地只能听到售票员报站的声音，脑中似乎被一阵白雾所笼罩，以后就变成一片空白，报站名的声音似乎也越来越远，终于完全听不到了，这样便完全进入冥想了。

⑤即将到达目的地时，可以伸伸腰，动动身体，睁开眼。此时可以下车了。

浴缸冥想法如下

①先把浴缸清理干净，排尽水，调整好淋浴头。

②脱去衣服后，在浴缸内盘坐，从头上淋浴，热水不要太多，要不断

地淋。水温维持在39℃左右。

③靠在浴缸边做腹式呼吸。呼吸要比平时深长，吐气后再吸气为一次呼吸。

④边呼吸边计数。全身放松，去除脑中杂念，专心于计数，慢慢地意识变得模糊，以至脑中一片空白，仿佛被白雾所笼罩。

⑤入睡前若做10分钟这样的冥想，脑中杂念被排除，便很容易入眠。

第十一章

清净身心：回归纯真的心灵牧场

浮躁、忧郁是成功、幸福和快乐最大的敌人。从某种意义上讲，浮躁、忧郁不仅是人生最大的敌人，而且还是各种心理疾病的根源，它的表现形式呈现多样性，已渗透到我们的日常生活和学习中。

给浮躁的心灵松松绑

一个人如果有轻浮急躁的缺点，是什么事情也干不成的。

> 揠苗助长说的是宋国有个种田人，为了让自己田里的禾苗长得快一些，就下到田里把禾苗一棵一棵地往上拔。拔完回到家，他对家人说："今天累坏了，我帮助田里的禾苗长高了。"他的儿子听后忙到田里去看，只见田里的禾苗全都枯萎了。

从古至今，中国人对"浮躁"都是排斥的，是极力反对的。《论语》说，"欲速则不达，见小利则大事不成""小不忍，则乱大谋""三思而后行"等，都是前人劝诫后人戒骄戒躁，学会隐忍和含蓄，学会谨慎、沉稳的明志之言。毛泽东曾经说过，"夺取全国胜利，只是万里长征走完的第一步，我们务必要继续保持艰苦奋斗的作风，务必要继续保持谦虚谨慎、戒骄戒躁的作风。"可见，中国五千年文化的一大特点就是沉稳、含蓄，淡泊以明志，宁静而致远。

小李是某研究所的文艺学研究员。搞研究是一个需要耐得住寂寞，坐得住板凳，静下心来的学术职业，快不得、躁不得、懒不得、错不得，要求是相当高的。有一天，小李在书库里翻了大半天的资料，忽然烦躁起来，心想，这样做事效率真够低的，得多长时间才能作出新的有价值的研究成果啊，何年何月才能出名啊！

小李开始怀疑自己的选择了，为什么自己当初要选择进研究所搞研究呢？三年已经过去了，那些下海经商的同学现在大多已经有了自己的房子，结婚生子，而自己现在还是住在单位里的单身宿舍里。

一想到这些，小李的心不自觉地浮躁起来，根本无法静下心来阅读资料，直到进入该项研究的最后几天，它才找出了同类研究课题的一些研究成果，稍微改编了一下，算是完成工作。

但是他的论文发表之后，研究所很快就接到了投诉电话，说他的文章中出现了整段抄袭现象。小李知道自己犯了一个极大的错误，再也没有颜面留在研究所里了。

小李就是因为浮躁，最终不仅没有成名，反而落得个失业的结局，这种教训需要我们加以警惕，保持理智的头脑。一句话：要想做成事，没有一份平淡与从容是绝对不行的。

如今，快节奏的生活容易使人心境失衡，如果浮躁冒进、急功近利，不能以宁静致远的心灵去生活、工作，那么就会心力交瘁，最终一事无成。“宁静以致远”，宁静是一种气质、一种修养、一种境界、一种充满内涵的悠远。只有平息浮躁，保持平淡与从容，才能安之若素，踏实沉稳。

减少焦虑，为心灵松绑

焦虑不但解决不了任何问题，反而在紧要关头坏事。既然如此，我们不如心平气和地面对一切。

刚刚参加工作的张凡最近一段时间不知道为什么，老是为一些微不足道的小事忧虑，以至于影响了正常的工作和生活。

例如，不知道是什么原因，张凡竟然对自己之前非常喜爱的钢笔讨厌起来。当他看到被磨得非常平滑的钢笔尖儿的时候，他心如刀绞，非常不舒服。不仅如此，他还非常讨厌那支钢笔的颜色，黑色让他感到压抑。所以，他决定不使用它了。于是他又买了一支灰色的钢笔，可看着它，张凡心里也难受。那这次又是为何呢？原来在他买钢笔的时候，张凡看到了售货员是个年轻漂亮的姑娘，所以特别紧张。更夸张的是，他竟然满头冒汗，他觉得肯定让别人看见了，所以伤害了他的自尊心。只要看到这支钢笔，张凡就想起自己出丑的事情。他恨不得扔了它，但回过头来想想，这不是跟自己过不去吗？钢笔是自己新买的，不仅花了钱，关键是还没用呢。所以，便打消了这个念头。

另外一次是，张凡买了一个小塑料盒，主要是用来盛饭。但看到这个盒子，他突然想："这是不是聚乙烯的？"因为张凡曾经看过一篇报道，说聚乙烯的产品是有毒的，不能盛食物。这下张凡又紧张起来了：这个小塑料盒到底有没有毒呢？如果有毒的话，我使用了它不就想当于慢性自杀吗？如果没有毒，我不用它不就白白浪费了……

有一天，张凡又为头上的两个"旋儿"而苦恼起来。他听人说"一旋好，俩旋孬，两个顶（旋），气得爹娘要跳井。"不会真有这么回事吧？要不为什么自己经常惹父母生气呢？可许多有两个旋的人也不像自己这么怪呀！这个念头令张凡终日忧虑不已。

张凡就是这样一直在忧虑的旋涡中徘徊、挣扎着……

可怜的张凡在忧虑中不断地折磨着自己，他这是一种典型的焦虑心理。

其实，很多人的焦虑情绪都是没有原因的。它是一种可能随时出现的令人不愉快的紧张心理状态。适当的焦虑是有好处的，例如它可以提高人的警觉度，充分调动身心潜能。但如果过度焦虑，那么，你就整天处于一种不安的状态，根本无法正常生活。

处于焦虑状态时，人们常常有一种说不出的紧张与恐惧，或难以忍受的不适感，主观感觉多为心悸、心慌、忧虑、沮丧、灰心、自卑，但又无法克服，整日忧心忡忡，似乎感到灾难临头，甚至还担心自己可能会因失去控制而精神错乱。在情绪上整天愁眉不展、神色抑郁，似乎有无限的忧伤与哀愁，记忆力衰退，兴味索然，注意力涣散；在行为方面，常常坐立不安，走来走去，抓耳挠腮，不能安静下来。

心理学研究表明，导致焦虑的原因既有心理因素，又有生理因素，同时，人的认知功能和社会环境也起着重要作用。

现代社会，焦虑无处不在，上学时为成绩而焦虑；毕业时为就业而焦虑；穷人为生活而焦虑；富人为自己的私有财产不受保护而焦虑；大龄青年为找不到合适的结婚对象而焦虑；结了婚的人为婚外情而焦虑；职场中人为工作业绩上不去而焦虑；老师为学生成绩而焦虑；医生为手术而焦虑；老板为企业发展而焦虑……

总之，不同的人在为不同的事而担忧着，工作、健康、人际关系、自然灾害等给人们带来很多困扰和焦虑。法国社会学家文森·德·郭勒雅认为，现时代的人们生活在前所未有的孤独和焦虑之中。

生活中，心存焦虑的人随处可见，焦虑就像是一层淡淡的阴云笼罩在人们的心头。而引起人们情绪焦虑的原因各有千秋，例如工作、健康、对家人的担心等。

一位房地产的市场策划说道："我过得很不开心，可能算是潜意识的焦虑，不开心就是因为工作压力大，公司接了个新的楼盘，要做大量的工作，还要做宣传。"

一位销售职员说道："我经常要出去谈业务，总是感觉和客户沟通比较难，有时候，不经意的一件小事就会得罪对方，总觉得自己很委屈。"

一位高三复读生说："我现在念高中复读班。其实去年的时候，我已经考上了在别人看来很不错的一所学校。可是，我最想上的是北大。现在离高考就剩3个月的时间了，我非常担心，万一我考不上怎么办呢？”

一位母亲描述道：“我一个人把儿子和女儿拉扯大，现在还是为他们担心，上学、工作、对象，总是有操不完的心和无尽的烦恼。”

在日常生活中，我们的焦虑还有很多。比如，一辆汽车向你疾驶而来，你担心汽车会撞上自己，因而紧张、害怕；看到别人工作业绩显著，你担心自己的职位受到影响，又是紧张、害怕；你刚进入一个新的环境，担心不被别人接纳，受到他人排挤，还是紧张、害怕……

现实中，我们都会有焦虑情绪，长期的焦虑会影响我们的正常生活，合理的自我缓解是保持自己健康的秘诀。那么，我们该如何跳出焦虑的泥潭呢？

1. 知足常乐，保持好心态

当遇到不顺心的事时，不要过于追究自己的责任，不要把世界看成是完美无瑕的，要学会适时地调节自己。同时也要注意保持稳定的心态，完全没有必要为身边的小事而大喜大悲，不要让客观现实左右了自己的情感。

2. 不必庸人自扰、杞人忧天

职场白领有很多的事需要担心：工作会得到上司的肯定吗？上司要的报告今天做不完怎么办？下午有个不太想见的客户要来，晚上请不请他吃饭等。其实，你完全可以把其余的事情暂时搁在一边，全力以赴地应付今天的报告。何况，下午的客户还不一定来不来呢！即便来了，说不定他也有自己的安排。因此，要把心放宽。

3. 不要轻易否定自己

你可能会觉得自己有很多缺点，如能力不足、做事粗心、不够专注、没能把握住晋升的机会等，这样一想便会沮丧至极。能够反思，固然是好事，但也不要总想着自己这也不行、那也不会，否则会无端增添压力。其实，也许别人眼中的你，是个做事干练、为人正直、脚踏实地的人呢。况且，缺点也可以转化成优点。

抗拒忧郁，回归快乐

快乐的情绪可以感染人，忧郁的表情更能影响人。科学家发现，忧郁具有很强的“传染性”。只要你稍加注意，应该会想起这样的场面：午休的时候，办公室很热闹，充满欢笑。没过多久，一个同事阴沉着脸进来了，大家于是都停止了说笑，办公室里变得死气沉沉……忧郁，就是这样，无论你怎么避免，它还是能潜移默化地影响你。不过话说回来，既然快乐一天是过，郁闷一天也是过，那么，为什么不让自己开心一点呢？

彼特是一位会计师，一个心高气傲的企业新人，他告诉自己，凡事一定要精打细算，绝对不能浪费任何资源，绝不放过任何机会，要让自己随时保持在优势状态，无论大小事情，绝不让别人越雷池一步！他甚至还运用了一些神不知、鬼不觉的手腕，把许多同业人士压在自己底下，以确保自己的地位不被动摇。

意料之中，彼特果然获得了丰厚的收入，占尽了天时地利人和，成了一个名副其实的商场大亨。可是他并不快乐！他总觉得生活中好像少了点什么，于是他越来越忧闷，越来越没笑容，最后，他得了忧郁症。

有位朋友推荐他去看一位心理医生，心理医生在了解了他的情况后，只在他的医嘱上写了一句话：“每天去帮助一个身旁的人。”然后，便要他拿回去，两个星期后再来会诊。彼特觉得不解其意，但还是把处方单拿回了家。

两周以后，彼特又来到心理医生面前，但这次却是满脸笑容地推开了门。“情况怎么样？”心理医生问。彼特开心地回答：“真是太妙了！当我学会帮助他人后，得到了一种无法名状的欣喜感！”

所以，当你感觉特别疲倦，心情很低落或无精打采的时候，不妨给自己放一天假去调整心情。这个世界其实离了谁都转，所以我们并不是自己想的那样不可或缺，为了更好地工作生活，不妨给自己一些调整的时间。这样，你很快会感到精神振奋，忧郁的阴影会迅速消失，欢乐的阳光将会照亮你的整个人生。

告别忧郁不再沮丧，把自己的心交给太阳吧！

1. 做一些富有建设性的工作

人之所以会产生惰性，往往是由于抑郁导致的。如果想要克服惰性，那就行动起来吧。其中，抗争惰性的一个很好的方法就是，在你每天早晨起床之后，把这一天你要做的事情列个清单，不管是大事小事，都要囊括其中。如果你还是个学生，那就把各门课程需要做的事情都详细列出来，一定要考虑自己的能力，不能对自己要求过高。哪怕所列清单只有几项，只要你能完成就行了。

2. 主动帮助身边的人

通过实践证明，乐于助人能使人精神健康。很多心理医生发现有些神经症患者慢慢康复就是得益于他们之间的互帮互助活动。在你帮助别人的时候，在潜意识中问自己有没有这样的问题，如果在自己身上也存在，那么对他人就能表示理解。那些患抑郁症的人往往是脱离群体的人。

快乐本来就是我们生活中不可或缺的一部分，而付出和奉献更是真正快乐的源泉。来自快乐、聪明的面孔，会让人觉得放松快乐。带着一张愁肠百结、郁闷难消的脸，走到哪儿，就把沉闷和压抑带到哪儿。忧郁，不但会影响你的工作和思维，而且还能破坏人的免疫力，抑郁成疾说的就是这个问题。

学会利用运动解忧

在经济、科学高度发展的今天，人类已经进入信息时代，各种社会机构飞速运转，人们的生活节奏也大大加快。在人们的观念里，时间就是效益，时间就是金钱，许多人都在争分夺秒地工作。

从某种意义上讲，现代都市这种高度紧张的快节奏生活对人的身心健康是不利的。有资料表明，人体疾病有一半以上是由于紧张而引起的。和谐运动可以忘掉紧张的工作和竞争的压力，缓解疲惫，获得全身心的放松。和谐运动锻炼还具有调整心态、放松心情的作用。当你心情郁闷时，进行锻炼常能起到发泄不快、驱散乌云、改变心情的作用。

事实证明，运动带给人们的好处并不仅仅是生理上的，还能在心理上给人以丰厚的回报。运动能在某种程度上满足人类需要不断进行挑战的冲动，所以可以给人带来愉悦。运动是一种改善人们不良情绪的“灵丹妙药”。

很多人都有这样的体验：当因为工作、生活中的烦心事而郁闷、苦恼之时，如果能到外边散散步，去泳池戏水，去绿草如茵的足球场上踢一会儿足球，就会使闷气飞到九霄云外。医学研究证明，运动除能使大脑兴奋和抑制保持平衡外，还能使血液和大脑中的去甲肾上腺素增多。去甲肾上腺素是一种激素，能增强大脑与身体各部位神经的联系，提高神经系统的兴奋性。当血液中去甲肾上腺素减少时，人们的情绪就低落。由此看来，运动可使人精神愉快是有科学道理和物质基础的。

生活中我们为了生存而不停地奋斗着，为了成功而绷紧了每一根神经。但是身体是革命的本钱，如果一味工作，而不注意身体状况，不注意精神的放松，终归可能还是会失败。另外，如果经过努力，最终达到了目标，却已没有机会来享受成功所带来的喜悦，也是毫无意义。因此，生活中各方面都应保持平衡。拼命工作虽好，但从长远的观点来看，仍然有必要省下一些时间从事运动。

快乐的方法不下千百种，同样，运动的方式也多种多样。跑步、钓鱼、登山、骑马……只要你喜欢，什么都可以。运动可以缓解疲劳，使人重新焕发身体的活力。我们可以选择一种或几种自己喜欢的运动方式，每天坚持，让它变为生活的一部分。当然，如果偶遇令人心烦的事，也可以丢掉工作，去体育馆待上一会儿。不论何时，不论何地，最重要的是，运动时应放松心情，不要一边运动，一边还在考虑刚才碰到的不快，要让运动把不快冲掉。

此外，运动就是运动，不要带有其他目的，最好就像阿甘一样，想跑就跑，不是为了引起谁的关注，也不是为了什么奖赏。比如，没事时去打篮球，最好把它看作是一项休闲活动，不是为打球而打球，不能过于看重输赢得失，否则便会平添许多烦恼，达不到放松的目的。因为如果过于看重输赢，那一点小小的失败都会让人产生如同工作失败时的挫折感，这样一来，运动反而成为紧张疲倦沮丧的诱因，失去了原来休闲的意义。

无论什么时候，千万别忘了运动，尤其是当你烦恼、沮丧的时候，因为运动可以使你放松心情，忘记烦恼。

控制忧虑思绪，解除心灵烦恼

或许因为繁忙的步调和压力，现代人总是忧心忡忡，都在为人生中重要的大事而烦恼：工作、人际关系、小孩、健康和经济状况……也会为一些小事而烦恼：约会能不能准时、在用餐时刻能不能顺利抢到一个好位置……诸如此类一连串的担心所积压成的压力，压得我们常常喘不过气来。

我们可以控制忧虑吗？当然可以，即便是简单地让自己的思绪暂停也不错。当然，你还需要学习一些技巧。

1. 学会自我对话

它能帮助你用不同的观点来看待事物。以下举了一些自我对话的例子仅供参考。

（1）我不能把事情看得过于重要。

（2）会发生最糟情况的可能性是多少？

（3）我不会假设最坏的情况即将出现，因为大多时候它是不会出现的。

（4）有更理性的方式处理此事吗？

（5）若是我的好朋友或心中的偶像遇到同样的情形，他们会如何应对？

（6）我可以把事情处理得很好。

（7）深吸一口气，憋住，再慢慢地把它吐出来。

（8）说真的，最糟的情况会是什么？

（9）忧虑对我有任何帮助吗？

（10）我可以做什么来让我转移这些焦虑？

（11）停止假设任何状况！

（12）若以 0～10 来衡量，这实际上到底有多重要？

2. 把忧虑记录下来

大多数人的忧虑是模糊难辨的，有时我们根本搞不清楚自己为何忧虑。如果你可以把这些忧虑具体地记录下来，你便可以感受到自己对忧虑是具有掌控力的。

据研究显示，只要一天能花 20 分钟，连续 3 天记下你的忧虑事项，几乎一半的人能学会以正面的方式来消除忧虑，而且效果还可以持续几个月。

3. 保持忙碌

当你正专注于其他事情时，便难以分心再去忧虑别的事情。你可以看电视、读一本好书、逛街购物、煮一顿饭、整理花草或者做个木工什么的，不管你投入任何一项活动，都有助于消除忧虑。

4. 规划“每日忧虑时间”

当忧虑又要找上你时，告诉自己：“我的忧虑时间还没到！”让你的忧虑等一等。“每日的忧虑时间”大约 20 分钟就够了，它可以在每天工作的空当、午餐后，或者下班的路上进行。20 分钟或许太长，你也可以依自己的能力斟酌理想的长度。

5. 跟他人倾诉

无论是和家人、亲密友人，还是和善解人意的倾听者谈谈，都对我们很有帮助，我们也会通过倾诉看清自己心中的忧虑。

改掉急躁，让心灵更年轻

在生活中，我们常会发现一些急性子的人，当他们一时不能完成一件事情，或做事失败以及碰到种种不顺心的事时，往往显得非常急躁，爱发脾气，搓手跺脚，摔打东西，情绪波动较大，甚至会引起过激行为。在学习上，他们往往是什么都想学，而且总想在短时间内学会，其结果或是因为超出了自己的实际能力，不得不半途而废，不了了之；或是浮光掠影，挂一漏万，蜻蜓点水，囫囵吞枣。表现在工作上，一阵兴头上来，马上动手去干，既无认真准备，又无周密计划。有时某项工作才开了个头，就急于见成效，特别是当工作遇到困难时，更是急得如热锅上的蚂蚁，恨不得来个“快刀斩乱麻”，一下子把问题解决。这样的人多半表现得耐心、细心和恒心的不足；这样的人容易发怒，因而既影响了人际关系，又影响了自己的身心健康。有人把这种性格称为急躁性格。据研究，此类性格最易导致冠心病、高血压等症。

张丽是一名大二的学生，她从小到大都是直性子，快言快语，风风火火。最近被选为学生会干部后，她感到很困惑，因为她安排同学的事情，同学们总是不认真对待，因此总是难以按期完成，继而总会气急败坏地批评同学几句，可同学不是爱理不理就是反唇相讥。她搞不明白，同学们为什么会这样？没多久，她就把同学都得罪得差不多了，她很苦恼。偶然的一次机会，她接触到心理书籍，才懂得搞好人际关系也需要掌握技巧。于是，她向咨询师咨询。在咨询师的指导下，她分析了自己得罪人的原因，就是因为她没耐性，稍微有些不合意就会很急躁，说话不经思考常会伤人自尊。咨询师分析道，这种性格与她的经历有关。张丽这才回忆起自己的一些经历。小时候，她就很耐不住性子。

她要的东西，必须马上就得到，否则就哭闹。上小学时，父母要上班，没有很多时间管她，她只好自己管自己，做饭、洗衣几岁就会。她接受能力强，成绩挺好。所以，面对那些反应迟钝的同学，她就不耐烦，觉得他们很笨。学校组织演出，她是系里的负责人，一首配乐诗朗诵，表演的同学就是忘词，她说：“你们怎么连一首诗都记不住呢？到台上，那不丢人现眼？”同学说：“你能干，你上呀，我们笨，不演了。”结果，节目没有上台。有次组织同学郊游，见五位同学掉队了，她就不耐烦地说：“快点，这么磨蹭，你们不怕影响了大家。”就这样，同学们一个个都对她敬而远之。现在她也挺后悔，不该这样，可事情已经如此，覆水难收。

急躁，是盲目自信或主观偏执而导致情绪失控的一种心理状态，是偏激心理的一种反映形式。偏激的人一般遇事急躁、沉不住气。

急躁性格的人，一般具有以下行为特点。

（1）与人交谈，急于表达自己的观点，不大能够耐心地让别人把话讲完；

（2）认为要做某件事时，非得立即动手不可，很少周全考虑，也不管主观条件是否具备；

（3）总感到有很多事要去做，常常手忙脚乱；

（4）对看不惯的事或不称心的事，习惯直露心事，而不大考虑效果；

（5）在不得不排队或等待时，就会心急火燎、牢骚不断；

（6）玩任何游戏非要赢不可，即使与孩子玩耍时往往也是如此；

（7）看到别人干他自己认为可以干得更快更好的工作时，就变得急不可耐。

急躁性格具有两重性，即优点与缺点、长处与短处并存。性子急的人，做事雷厉风行，说干就干，这是好的一面；但由于性子过急，常常欲速则不达，把好事办坏，这就是不足的方面。就像上面事例中的张丽一样，其实她未必，或者说肯定不是出于轻蔑或侮辱同学才说那样的话，但是性急的她说话不顾及对方的感受，结果就让对方感觉到自尊受到了伤害。

急躁性格还会带来其他的一些危害：比如急躁时工作，思维容易混乱，易观察错误，计算错误，输入错误，判断错误，结果工作不得不返工；急躁时，记忆力会减退，信息沟通容易失误；急躁时，常会感情用事，易发脾气，出言不逊，不计后果，不顾人家的自尊心与个性特点，一味强求别人与自己保持统一，会伤人自尊并引起别人的反感；急躁还会影响身体健康，经常急躁，易患高血压、冠心病、偏瘫、心绞痛或心肌梗死等病症。

急躁性格的成因是多方面的，拿上面的例子来说，张丽“急性子”的产生固然有天生的原因，但家庭也有责任，父母的纵容使她以为自己的言行都是正确的，在新的环境中她依然故我就会难以适应，压力随之增加。

从心理学的角度说，胆汁质的人易急躁。后天受社会生活条件影响也能形成急躁性格，例如，在家排行老大的人易急躁，因为父母总对他们要求过于严格，什么事都要快、要好，要给弟弟、妹妹做出榜样，久而久之就形成了急躁的性格。急躁关键在于个人的心理认识，急躁者有着胜利的理想和进取心，试图超越所有人，因而努力克服困难，工作勤奋，自觉性强，总是觉得时间非常紧迫，所以惜时如金，表现得很急躁。

打开心灵之门，让阳光照进心扉

有时候为了追寻睿智和清醒的意识，我们需要向心灵深处的自己求助。当越是深入地窥探心灵居住的地方时，我们越能更亲近地体验生活所赋予的、让我们受益匪浅的人生旅程。

我们的内心世界很丰富，包括思想、感觉和情感，但它常常被忽略掉。然而就是这些思想、感觉和情感每时每刻都在无意间促成和决定了我们大部分的经历。

你要意识到你的思想、感觉和情感是一种使你的内心变得强大的途径。对付压力，最直接、最有效、最快速的办法就是把自己的注意力转移到内心世界，把这里当作战胜压力的主战场。

1. 让美好相伴内心

当你花上一些时间协调自己的呼吸时，你其实已经在学习掌握生命中一项十分重要的技巧，找回那个心如止水的内在自我。你可以或坐或仰，双手放于腹部，慢慢地、沉重地吸气、吐气。脑海中勾勒出一片有小溪淙淙流淌的草地，你在汩汩欢唱的小溪里蹬水，听得见头顶上的风声鸟语，水流轻柔地拍打着你的脚踝。感受你呼吸的节奏，吸气时，大声说“温暖”这个词，想象着沐浴于其中的阳光和水的温暖。吐气时，对自己说“沉重”，让自己由内而外沉淀到一个舒适而又让心灵得以抚慰的地方。有意识地调整呼吸是一种让你在不足五分钟的时间里能轻松地恢复内心宁静的技巧。

2. 想象心灵的快乐

去想象那个存在于你自身中那个触摸不到的心灵的居所。想象有一扇门能让你的生活、心灵和更高的自我通向宇宙中所有的美丽、奇迹与神秘。为自己打开一扇心灵之门，你就会用一种全新的视角看待这个世界。你可能会想大声说出以下乐观的宣言：

“今天，我要让我的心灵通向爱与满足。”

“今天，我要让我的心灵通向美丽、真理和智慧。”

“今天，我要让我的心灵通向快乐、欢笑和奇想。”

“今天，我要让我的心灵通向……”

3. 点亮内心的火焰

在每个人心中都有一团绚烂的火焰，它代表着美丽、力量与智慧。但问题是我们总忘记如何让它在将要燃尽之际重放光彩。在无尽的乏味和遗忘之中，我们胸中的激情逐渐减退，那团希望之火也要消失殆尽。起初我们并没有注意到，但随着时间的推移，我们的漠视会最终将它完全熄灭。试试下面的冥思方法，它会像一支燃烧的蜡烛那样点亮内心的火焰。

早晨起床后，在进行一切日常活动之前，在床头或桌子上点亮一支蜡烛陪伴你。

凝视着摇曳的火苗，想象着在你灵魂的深处也有这样一团火焰在闪耀。

想象这团火焰是你的希望、梦想、幸福和快乐的源泉。

给这团火焰添加上你的保护、热情和理解，让它越燃越亮。

在日常生活中铭记你胸中的这团火焰。

心灵驿站

你的内心疲劳吗

一般来说，疲劳有两种：一种是生理疲劳，另一种是心理疲劳。而心理疲劳的大部分症状，是通过生理疲劳表现出来的，因而往往被人忽视。那么现在的你心理疲劳吗？下面的症状你有几个？

（1）早晨起床后，感到全身发懒，四肢沉重，心情不好。

（2）工作不起劲儿，什么都懒得去做，甚至不愿意和别人交谈。

（3）工作中差错多，工作效率低。

（4）容易神经过敏，芝麻大一点不顺心的事，也会大动肝火。

（5）因为眩晕、头痛、头重、背酸、恶心等，感到很不舒服。

（6）眼睛容易疲劳，视力下降。

（7）犯困，可是躺到床上又睡不着。

（8）便秘或者腹泻。

（9）没食欲、挑食、口味变化快。

测试分析：

如果你符合以上症状 1 ~3 个：说明你有轻微的心理疲劳。

如果你符合以上症状 4 ~6 个：说明你有较重的心理疲劳。

如果你符合以上症状 7 ~9 个：说明你的心理疲劳很严重，需要尽快调整身心状态。

第十二章

心灵氧吧：放下压力，让心灵呼吸

为心灵减压，调节自己的生活，不时给身心来一次彻底的大扫除，你将会感到前所未有的轻松和舒适，你的心态也会因此变得更加乐观、积极、充满希望。长此以往，你就能收获健康的身心、幸福的生活、良好的人缘。

你知道压力吗

人对不同度数的压力拥有不同的反应：适度的压力使人兴奋，过度的压力让人疲惫，没有压力就是颓废。

季节有温度的变化，空气有湿度的不同，压力也有“压力度”的不同表现。尽管不是具体的数值体现，但是，也可以真切地体会到。每个人都有压力，同样有压力“度”的问题。

这就相当于调试一种弦乐。弦上得不够紧就会产生不理想的演奏效果，而弦绷得太紧效果也一样不好，甚至还有造成绷断弦的可能。提升你对自身压力程度的感知，之后有意识地调整你的压力度，从而使其始终维持在最佳状态，这是自我调控的关键所在。

大多数时候，压力大不是由于愿望多，而是由于承受力达不到。压力的重点不在于愿望的多少，而在于当事人的承受能力范围。负担太重，美好的愿望也会成为害人的压力。作为学生，将会面临高考的压力；作为上班族，会有薪金压力；成了老人，同样有疾病就医压力等。人人都有难念的经。当这些压力量达到一定数值时，人在身心上都很难承受的时候，便会出现一系列反常的现象，甚至不良后果。例如，考试发挥不出正常水平，工作达不到定量，患上病不容易痊愈，等等。

每个人都应当了解自己可以承受多少压力。因为，无论是在肉体上还是精神上，人人都有一个崩溃点，而且体现在每个人身上都不一样。有些人能够承受这种压力，却无法承受那种压力。压力出现后，自己可以承受到一个什么极限，应该明明白白。一旦明白了自己的崩溃点，便要尊重客观事实，超越极限这种事，一般情况下不可尝试。因为大家都是芸芸众生中的一个普通人，而不是所谓的“超人”，所以最好是依照普通人的规律办事。

在承受的极限范围内，坦然面对压力，并不等于在压力面前止步不前，而是面临困难时，不会受此困扰。在极限范围内，积极地规划未来，接受挑战，克服压力，你的力量也会变得更加强大，你也将因此而迈向成功。只有清楚自己的弱点才能排除压力，只有当我们知道自己到底“弱”在哪里，我们才能更好地针对弱点强化自己。

在极限范围之外，过度的压力通常会造成负面影响甚至破坏性后果，轻者导致视野狭窄、思维僵化；重者导致情绪或者行为的失控，时间一长，就会导致身心疾病等。压力一旦超越负荷，人的战斗意识、良好情绪、控制力皆会垮台，身心也会出问题，严重地影响社会活动与日常生活。

一个简单的例子：随着社会的不断发展，社会竞争形势日益严峻，越来越多的人选择在下班后继续加班或者去读夜校“充电”，这是因为人们在物质生活以及工作环境获得极大改善的同时，承担的压力也逐渐增加，只好选择给自己增添些许自信。殊不知，这样的态度很有可能会造成思想上产生过多的焦虑，行为上过于盲目。因为其他人加班，我没有加班就显得不积极；因为别人在“充电”，假若我不去多学点什么就意味着被淘汰……尽管都有一定道理，然而每个人有各自的职业规划与渴望获得的生活状态。正常且健康的状态应该是：无论别人怎么做，我们都要依照适合自己的方式来使自己获得提升。正视竞争并不意味着要让自己牺牲掉。良性竞争是科学且有序的竞争，而并非盲目地比较与追赶。

在适宜的压力“度数”下生活和工作以及学习，才最有可能获得应有的人生收获。

给自己施加适度的压力

是人，就会有惰性，没有任何压力的轻松，谁不希望拥有呢？谁也不想过有压力的生活。对于这种惰性，我们不可以任其发展，因为惰性思维一旦形成，想要改变就非常的困难。要想克服惰性，就有必要给自己施加一定的压力。只有在一定的压力下，才可以最大限度地开发我们的潜能。

压力产生动力，假若一个人试图逃避压力，那么他也会丧失动力。当然，这种压力一定是适度的，不可以过大，如果某人拥有超出自身承受的最大限度压力时，将不仅丧失掉继续前进的动力，而且还会导致人在巨大的压力面前失去信心，甚至一蹶不振。拥有适度的压力，不仅是信念的最好保障，而且通常能把潜能发挥到极点，创造出令人惊叹的奇迹。可以说，适度的压力是诱发潜能的母亲，可以使人产生充足的动力。

从一无所有到富甲一方的生活阅历、坚忍的个性、经历的重重苦难，这些都使王永庆对在压力下前进的感受比一般人更为深刻。他在总结台塑企业的发展过程时说：“如果台湾不是幅员如此狭窄，发展经济深为缺乏资源所困，台塑企业可以不必这样辛苦地致力于谋求合作化经营就能求得生存及发展的话，我们是否能取得今天的成就，不能不说是一个疑问。台塑企业能发展到每年营业额逾千亿元的规模，可以说就是在这种压力逼迫下，一步一步艰苦走出来的。”他又说：“研究经济发展的人都知道，为什么工业革命会发源于温带国家，主要是由于这些国家气候条件较差，生活条件较难，不得不谋求一条生路，这就是压力条件之一。日本工业发展得很好，也是在地瘠民困的压力之下产生的，这也是压力所促成的；今日台湾工业的发展，也可说是在‘退此一步即无死所’的压力条件下产生的。”

企业的生存和持续发展需要适度压力的推动，个人事业的成长和进步同样如此，对于竞争形势日益激烈的现代企业员工来说更是如此。正是因为有了竞争的压力、失业的压力、老板施加的压力以及生活的压力，企业员工才能更加主动地创造价值，才能更加热情地迎接挑战，才能更加完美地完成任务。

适度的压力确实是推进个人事业和公司整体事业以及促进整个社会发展的必要条件，正如创造学之父奥斯本说：“多数有创造力的人，其实都是在期限的逼迫下从事工作的……决定了期限，就会产生对失败的恐惧感。因此，工作时加上情感的力量，会使得工作更加完美……谁被逼到角落里，谁就会有出奇。”

对于这点，相信很多人都有所体会。例如，有时候一件任务拖了相当长时间都没能完成，内心尽管非常着急，但就是无法静下心来去做，而且好像也找不到合适的解决办法。后来却发现每当自己被上司规定时限，或者在上司规定完成任务的时间异常紧迫的情况下，便容易找出解决问题的办法，而且往往在这种情况下，工作完成得又快又好！所以，人们在接受一项任务之后不妨给自己规定一个工作期限，这可能也正是公司的部门经理或企业老板在给下属布置任务时通常都规定一个完成期限的原因。而那些办事效率高、工作业绩出色的优秀员工往往会把上级规定的完成期限提前一段时间，于是在时间的压力下，他们总是能做得比其他同事更好。当然了，你也可以用提高工作要求的方式使自己在高标准、严要求的压力下把工作做得更好。事实上，许多做出巨大成绩的人都经常用这些方式向自己施压，并在压力的推动下实现一个又一个目标。

压力就是希望与现实之间的撞击，希望与现实之间的差距越大，施加在人们身心上的压力就越强，最终产生的动力也就越大。

不要让压力成为负担

压力越大，干劲便会十足。能够承受一定的压力是很有必要的，它可以锻炼人的意志，让人经受住风浪的考验。面临压力，每个人要学会为自己减压，要懂得与压力作斗争，不可为承受压力而主动给自己加压；相反，我们应该学会适当释放自己所承受的压力，否则，最终将为自己引发危机。我们确实应该改变惯有的心态，寻求一种新的工作和生活方式。

那些在生活或者工作中承受着常人难以承受的压力的人们常常会受到追捧，成为大家学习的典范。很多人自小就接受一些教育，如工作要吃苦耐劳，要做肩负重担、有远大出息的“国家栋梁”，要敢于与别人竞赛。可以向他人坦言“我本人面对再大的压力也不会害怕”，是一件多么值得骄傲的事情，而人们在向心理医生进行咨询的时候，也大多是询问怎样才能进一步提高自身的“耐压能力”，以便可以应对更多更重的工作与学习任务。更糟糕的是，所有人的内心深处都具有一种被动适应的特性——面对再大的压力基本上都能够承受下来。你或许会发现：宣扬自己能耐得住压力的人往往是真的承受着巨大的压力，假若你受到鼓励，别人要求你进一步提升耐力，你就真的可以忍耐更多的困扰、承担更多的责任——直到承受力到达新的极限。哪怕是在没那么紧张的机关事业部门工作，你也要学习不断提高自身的抗压能力；甚至连专门教人怎样释放压力的心理医生自己也意识到压力的重要性！

压力的累积犹如滚雪球下山，当雪球还小、速度较慢的时候，压力还较容易控制；然而等到它越滚越大、速度越滚越快时，如若再想让它停下来，那就并非易事。大脑运转不过来，时间总不够用，对工作和学习感到厌烦、难以应付……这些都是你应该注意到的“减速信号”。在压力变得棘手之前，你就应该及早重视它。

纵使面临再多的事情，也需要一件件地做，因此，每个人应当考虑清楚诸事孰轻孰重、谁先谁后，再用笔把计划写下来，分出轻重缓急，这样对你理清思绪至关重要——理论一旦明确，就能够很好地指导实践。正所谓“磨刀不误砍柴工”，看似不相关的“多余”程式其实很有必要。多花点工夫放松自己，你会在事情的顺畅进展过程中赢得更多的时间。你要先学会投资，然后才能考虑丰厚的回报。当面临一大堆事情时，你不能眉毛胡子一起抓，不要一味蛮干。这时智者会首先拧开思想上的紧张阀门，释放压力——做做深呼吸，走出房间到外面散散步，心绪平和下来后再回到书桌前，镇定自若，想象自己能量巨大，运筹帷幄之中，决胜于千里之外。

压力可以摧毁一个人，但也可以成就一个人，把压力视为动力就可以让它为我们的人生增光添彩，在我们的人生旅途中，一定不要让它成为一种负担。

缓解新工作压力

初入职场的年轻人或刚进入新公司的新人，进入到一个新的环境，要面临工作、人际关系、领导认可等问题，压力甚大。所以，新工作也是压力源之一。

那么，职场新人应该如何缓解压力呢？减压六步法将教会新人成功缓解压力。

第一步，你需要坐下来，制作一张表，把那些你没有达到或别人认为你没有达到的目标列出来，然后问自己能不能达到这些目标。

第二步，多准备一些小零食，不能让自己空着肚子。食物是我们前进的能量，也是我们处理各种问题的能量。

第三步，当你因某事与同事发生不愉快时，你可以到办公室外面走一下，或者做一些伸展运动来缓解你的委屈、紧张。

第四步，遇到解决不了的问题时，找一处安静的地方闭上眼睛反复思考。

第五步，和周围的同事搞好人际关系，让自己在新环境里不再孤独。孤独使人承受的压力变大。

第六步，给自己找点“乐子”。多参加公司的活动，多和同事谈笑。使自己欢笑，是最好的压力缓解剂之一。

当你初入新公司备感压力时，按照以上六步进行练习，压力将离你而去，你也将由新人变成彻底融入公司的职场达人。

新到一个环境，你需要马上消除新工作带来的压力，在最短的时间内融入到新的集体，以上提供的减压妙招就能很好地帮助你解决这个问题。

顶住压力，乐享成功

在面对痛苦和压力的时候，必须做出选择。如果选择面对，我们将日臻成熟；如果选择逃避，也就意味着选择了心理疾病。向压力挑战吧！等到坐拥成功的那天，让我们尽情享受清风拂过脸庞的惬意与美好。

我国著名的国际画艺术家杨杰出生在农村，6 岁时双手触及高压线而不幸失去双臂，他被送至儿童福利院 10 年。10 年过后归家，周围一切发生了很大变化，他感觉到封闭、生疏、艰难，很不适应。痛定思痛之后，他除了继续钻研绘画外，又开始了新的拼搏和追求。他向人讨来笔墨，每天用牙磨墨临池，用于练习的报纸高过他身高的几倍。终于功夫不负有心人，他在世界多个国家表演画艺术，他的画在国外展出，并出版了个人画册，获得了多项荣誉称号。自强不息，哪怕有一丝希望也决不放弃，这就是杨杰的人生态度。

正因为有险境、有风波，才刺激、才快乐。人生好比旅行，因为有压力才会有消除压力后的独特享受。

“跟许多勇士一样，他是人们掌声中的成功者，叹息声中的失败者。”这是一位登山家的墓志铭。

他曾经多次征服世界高峰，回国时受到英雄式的迎接；他登山的经过被出版社印成专集，引起了人们的强烈反响。然而，在征服世界第二高峰后的第二年，他又去攀登圣母峰，但不幸丧生于雪崩。噩耗传来，许多人感叹他太不知足，以致失去过去的荣誉，更断送了自己的生命。

但是，登山者攀登的不是高山，而是自己的理想。理想是一种信仰，而向着理想迈进的路途是一种追求！理想是生命中的太阳，正因为我们有了理想，我们的生命才如此绚丽多彩。人生最大的快乐，不在于占有多少财富，不在于占有多少名利，而在于有一颗为了理想而奋斗的心灵。

一个人所受到的压力和他的能力是成正比的，一个人所承受的压力越大，他所释放出的能量也就越大。

一个人在高山之巅的鹰巢里，捉到一只幼鹰。他把幼鹰带回家，养在鸡笼里。这只幼鹰和鸡一起啄食散步、嬉闹和休息，它以为自己是一只鸡。这只鹰渐渐长大，羽翼丰满了，主人想把它训练成猎鹰，可是由于终日和鸡混在一起，它已经变得和鸡完全一样，根本没有飞的欲望了。

主人试了各种办法，都毫无效果，最后把它带到山崖顶上，一把将它扔了出去。慌乱之中这只鹰拼命地扑打翅膀，就这样它居然飞了起来！这时，它终于认识到了生命的力量，从此成为一只真正的鹰。

据说像爱因斯坦这样伟大的天才，其潜能的发挥只有不到10%。正是因为有了追求，生命才会更加亮丽。我们应该坚持自己的理想，为了自己人生的最高目标去努力奋斗，终将闯荡出一片属于自己的天空，正如诗人汪国真所写：“没有比脚更长的路，没有比人更高的山。”

在面对压力时，切忌陷在自我忧虑中；而应冷静思考，全面评估现状，找到策略和行动方案，根据轻重缓急作出应对。

心灵降压之饮食疗法

现代医学研究表明，人的喜怒哀乐与饮食有着密切的联系。食物可以排解忧愁，可以使人得到感官的快乐和心理的慰藉。这是因为，人的大脑中有一种称为血清素的物质，这种物质有助于镇定人的情绪，解除焦虑和烦躁。有些食物能促进血清素的分泌，从而给人带来快乐的心情；同时有的食物会使人产生焦虑、愤怒、狂躁的情绪。

营养失调很容易造成人的心理上的失衡，如人体内缺钾就会使人容易感到心情郁闷，从而出现萎靡不振、心悸、烦躁不安等症状。经常饮用含钾量较高或是具有消除烦闷等食疗效用的果蔬汁，可以调整这些生理和心理不适。

总而言之，在生活中，许多食物有减轻精神压力、调整心情的作用。应根据自己的身体状况和心情去选择这些食物，这样不仅能吃得健康，也能吃出快乐心情。

饮食建议如下。

1. 宜多食富含维生素 B 族类的食物

这些食物包括粗面粉制品、谷物颗粒、酿啤酒的酵母、动物肝脏、坚果、豆芽、深绿色的蔬菜、牛奶及水果等。此类食物可以促进肾上腺分泌抗压力激素，对治疗心情不佳、沮丧、抑郁症都有明显的效果。特别是 B 族维生素中有一种烟酸，更能减轻焦虑、疲倦、失眠及头痛症状。

2. 宜多食富含维生素 C 类的食物

很多上班族在承受某些比较大的心理压力、情绪不好时，身体都会消耗比平时多 8 倍左右的维生素 C；而如果缺乏维生素 C 会出现冷漠、情感抑郁、性格孤僻和少言寡语等表现。因此，应该尽可能多地摄取富含维生素 C 的食物。此外，受到某些刺激或恐吓而紧张恐慌的人，也应选择富含维生素 C 的食物，如鲜枣、柑橘、猕猴桃、草莓、菠萝等。

3. 宜多食提高免疫力的营养素

某些营养素有提高机体免疫力的作用，这些营养素是蛋白质、维生素 A、维生素 E、维生素 C、维生素 B_6，以及铁、锌和硒。而多摄入全脂奶、肉、鱼、蛋、新鲜的深色蔬菜和水果，可以补充以上营养素，提高机体的免疫力。

4. 宜多吃蔬菜和水果

果蔬中富含丰富的维生素、纤维素、微量元素。如丝瓜性味甘凉，有通络、清热、利尿和防暑解毒之功；多食一些苦瓜，口齿清爽、胃肠舒适。还有萝卜，特别是白萝卜，可诱生干扰素，它是人体自身白细胞所产生的一种糖蛋白，具有抗病毒作用。

5. 宜多吃含锌食物

锌是人体不可缺少的微量元素，人体中许多种酶必须有锌参与才能发挥作用，此时，锌对调节人体的免疫功能有十分重要的作用。此外，它还有另一个功能，就是抗感染。有研究证实，每天摄入 50～100 毫克的锌，就可以预防流感。富含锌的食物有海产品、瘦肉、粗粮和豆类食品等。

6. 要保持食物的酸碱平衡

酸性食物中蛋白质含量较多，碱性食物中维生素与矿物质含量较丰富。但酸性食物食用过多会使体液偏酸，引发轻微酸中毒，容易导致风湿性关节炎、低血压、腹泻、水肿、牙龈发炎等疾患。而碱性食物会使体液偏碱性，食用过多容易导致高血压、便秘、糖尿病、骨质疏松症乃至白血病等病症。机体体液最好是处于酸碱平衡并呈偏碱性的状态，才能保证身体的健康。

减轻压力的“心灵”处方

压力过大也是一种人生的顽症，不过有多种治疗方法。

大多数人都无法为减少压力而对生活做出重大改变，因为我们不得不考虑工作、孩子、抵押贷款、账单、亲戚等事情，而所有这些都会增加自身的压力程度。而掌握一些应对身心压力的技巧可以帮助你应付无休止的压力。

大多数应对压力的身心技巧都有相同的目的：把你从激活的压力状态中拯救出来，进入一种平静和放松的状态。这至少在两方面有效。首先，它能让你在练习技巧时休息片刻；其次，有规律地练习某一个放松技巧，可以让你的神经系统在其他时间较少地处于激活状态，这样可以阻断压力和烦恼对健康的损害。下面来看一看可以每天使用的几种技巧。

1. 放松反应

放松反应可以作为一种与冥想类似的引导深度放松的方法。研究发现，在放松反应过程中，身体的耗氧量明显减少，这是深度休息和放松的体现。

这种技巧很好掌握，只需两个步骤即可。首先，将你的注意力集中于一个单词或者一个事物上；其次，保持这种注意力，即便有思潮涌起，也要轻轻地遣散它们，回到你的单词或事物上。最好每天练习 10 ~ 20 分钟，这的确需要练习。赶走杂念并避免与之纠缠确实不容易，但只要你学着去做，就能学会。深度放松身心会给你带来很多益处。

2. 导引意象

导引意象就像在脑海里放一部电影，你的身体会对电影内容作出反应。当你想一件烦心事时，身体会出现压力应激反应；当你想象一个你爱的人时，会不由自主地微笑，手会感到温暖。后者是你的身体在想象力的引导下进入了放松、健康和快乐的状态。当你有烦心的记忆和压力的念头时，想象力是有害的；当你有目的地想象帮助你放松身体，让你愉快和有治疗功效的事时，想象力又是有益的。听治疗师朗读或者听录音来引导的想象是被动的想象；如果选择一个情境并想象它发生，那么它也可能是主动的想象。

想象能引发强烈的生理变化，影响免疫功能，帮你洞悉压力情境和身体上的问题。想象还能增强情感意识，缓解焦虑，减轻各种疾病和医学疗程带来的痛苦。

3. 吟诵“咒语”

另一个值得一试的放松方式是“吟诵经文”。经文通常可以重复吟诵，经过反复的吟诵之后，我们的心情会平静下来。古老东方的经文被视为一种让人敬畏的声音，人们以这种声音来与宇宙的力量沟通。你不一定要利用某种经文，只要能让你平静下来的语句，即便是“平静”或“我很平静”，都可以作为反复吟诵的内容。

当你开始吟诵某段文字时，确定你是舒服地坐着的，并请闭上眼睛，让呼吸缓和下来，然后开始有节奏地吟诵。这样带有节奏感地反复吟诵文字，所发出的声音充满共鸣，它可以带走你不必要的焦虑，让你的心灵回归到踏实与平静的状态。当你缓慢吟诵时，效果更显著，你可以自由变换节奏和语调，直到找到一个完美的共鸣点——你一定会凭直觉找到。

心灵驿站

测测你的压力值

当你感到自己身上背负了太多东西，压得快喘不过气来的时候，不妨看看到底是压力太大还是自己在跟自己过不去。做做下面的测试，可以帮你找到答案。

1. 你觉得此时此刻的心情怎样？（　）

A. 真是糟透了！生活中不如意的事怎么这么多

B. 很容易因为一点小事而难过

C. 还算轻松愉快，人生是绚丽多彩的

2. 你平常睡眠情况如何？（　）

A. 一躺下去就可以睡着，而且一觉到天亮

B. 躺在床上总会东想西想，要过好一阵子才能入睡

C. 已经很累很想睡了，但是只要一想到工作就无法入睡

3. 心情烦躁的时候你会怎么做？（　）

A. 大吃大喝或者抽烟、喝酒

B. 用大叫、大哭来发泄

C. 找朋友或家人聊聊天，到郊外走一走

4. 最近的身体状况怎样？（ ）

A. 常常会觉得肩膀僵硬、肌肉紧绷

B. 经常胃痛或头痛，消化不良

C. 没病没痛，舒服自在

5. 最近的精神状况怎样？（ ）

A. 已经睡了八九个小时，还是觉得很累

B. 充满活力，神采奕奕

C. 时时刻刻脑子里想的都是工作的事情

6. 最近的生活状况怎样？（ ）

A. 生活中几乎每件事都让我疲于奔命

B. 生活按部就班，大部分的事情都可以顺利完成

C. 一天 24 个小时实在不够用

7. 最近朋友看到你，都觉得你看起来怎样？（ ）

A. 脸部肌肤变得比较干燥

B. 一副疲惫不堪的样子，而且皱纹增多了

C. 皮肤光滑有弹性，充满活力很有精神

8. 周末休假时，你想做什么？（ ）

A. 不想工作的事，好好休息一下，去参加我最喜欢的休闲活动

B. 继续在家里或公司加班

C. 赖在床上，睡得饱饱

9. 你常参加的休闲活动是什么？（ ）

A. 运动、泡温泉或上美容院、护肤中心

B. 购物血拼，慰劳自己

C. 和朋友一起通宵狂欢

10. 整体来说，你觉得自己的生活状态如何？（ ）

A. 平顺的、稳定的，到目前为止我都觉得满意

B. 时好时坏，起起伏伏

C. 很无奈，只能说在混乱中求生存

评分表

题　号	A	B	C
1	10	5	0
2	0	5	10
3	10	5	0
4	5	10	0
5	5	0	10
6	10	0	5
7	5	10	0
8	0	10	5
9	0	5	5
10	0	5	10

心灵解析：

第一类0～20分：恭喜你！你具有极高的减压智慧，懂得在工作与生活中找到平衡点，更知道如何为压力寻找出口，让自己的身体维持在最佳状态。

第二类21～45分：在这个分数段的你，要小心一点，你已经是耐压性不良的人了。

第三类46分以上：在这个分数段的你，需要格外警惕！压力已经严重影响到你的生活，甚至已经对你的身心产生威胁了。